航空宇航科学与技术一流学科学术著作

多飞行器对抗中的探测制导综合设计方法

郭　杨　王少博　王仕成　陶雁华　著

西北工业大学出版社

西　安

【内容简介】 本书以飞行器制导领域的前沿问题——多飞行器对抗下的攻防问题研究为背景,针对几种典型的协同探测与制导情形,探究了飞行器拦截机动目标的协同探测制导方法。本书重点突出探测环节与制导环节的相互作用对最终拦截效能的影响,研究了带有引诱角色的协同制导、考虑双视线协同探测误差的制导、诱饵干扰情况下的协同制导等问题,涉及协同探测的物理机制、多模型自适应估计理论、最优控制理论、模型预测控制理论的运用与分析,为探测制导一体化方法设计提供了理论依据,同时也为智能博弈制导提供了具体思路。

本书从模型建立到对几种典型情形的分析,再到协同探测与制导方法的设计,整体结构完整、逻辑紧密、内容详实,具备一定的创新性。

本书可供导弹制导与控制、飞行器控制器设计、自动化等领域科研工作者阅读参考。

图书在版编目(CIP)数据

多飞行器对抗中的探测制导综合设计方法 / 郭杨等著 . — 西安 : 西北工业大学出版社,2023.7
　　ISBN 978 - 7 - 5612 - 8766 - 8

　　Ⅰ.①多…　Ⅱ.①郭…　Ⅲ.①飞行器-制导系统-设计　Ⅳ.①V47

中国国家版本馆 CIP 数据核字(2023)第 101448 号

DUO FEIXINGQI DUIKANG ZHONG DE TANCE ZHIDAO ZONGHE SHEJI FANGFA
多 飞 行 器 对 抗 中 的 探 测 制 导 综 合 设 计 方 法
郭杨　王少博　王仕成　陶雁华　著

责任编辑:张 潼		策划编辑:杨 军	
责任校对:孙 倩		装帧设计:李 飞	

出版发行:西北工业大学出版社

通信地址:西安市友谊西路 127 号　　　邮编:710072

电　　话:(029)88491757,88493844

网　　址:www.nwpup.com

印 刷 者:西安五星印刷有限公司

开　　本:787 mm×1 092 mm　　　1/16

印　　张:7

字　　数:133 千字

版　　次:2023 年 7 月第 1 版　　　2023 年 7 月第 1 次印刷

书　　号:ISBN987 - 7 - 5612 - 8766 - 8

定　　价:48.00 元

前　　言

　　随着未来战场环境变得愈加复杂和反导武器系统智能化程度的提高,飞行器间的博弈呈现出更高强度、更加智能的对抗态势,使得传统制导技术越来越难以满足对敌方目标探测和打击的需求。研究者们开始意识到利用飞行器间的协同探测与制导技术来弥补传统技术在遂行作战任务上的诸多弊端,该技术在实现"战术隐身"、增加突防能力提升打击效果、增加电子对抗和目标识别能力以及减小作战消耗等方面具有明显的优势。飞行器协同作战任务的完成离不开两个重要的环节,即探测和制导环节。在实际的作战环境中,这两个环节是相互影响的,探测环节为制导环节提供必要的相对运动信息,制导环节中的诸多因素又会影响探测的精度。所以在制导律设计的过程中,有必要综合考虑两个环节对拦截性能的影响,对多飞行器协同探测和制导环节进行综合设计。

　　本书针对多飞行器攻防对抗的几种典型交战情形,研究了探测和制导环节在拦截与反拦截中的关键问题。通过建立新的探测误差模型、深度协同制导模型、考虑诱饵存在的制导模型,能对多飞行器攻防对抗中的关键问题的分析更加具体。在建立的新模型的基础上,研究了飞行器间的深度协同策略、双视线协同探测方式对制导能力的影响、诱饵干扰下的协同制导方法和仅依靠视线角信息的协同制导策略。以上针对典型情形给出的制导问题分析及制导方法解算,能够为飞行器的攻防对抗研究提供理论基础。

　　本书受到国家自然科学基金面上项目(61673386,62073335)和陕西省杰出青年科学基金项目(2022JC‐42)的资助。

　　飞行器攻防对抗是大国博弈及军事斗争中的永恒话题,推动其先

— 1 —

进技术的发展与革新是该领域科研工作者的共同使命。本书也仅仅以多飞行器攻防对抗中的几个典型环节为例对探测制导综合设计方法进行研究,虽取得了一定的研究成果,但也是飞行器攻防对抗研究中的冰山一角,其发展要依靠每位研究者的不懈探索。

倘若将科学研究当作是以有限的生命探求无限真理的求索过程,在这过程中能为人类科学的进步与文明的发展贡献微薄之力,那么这短短的一生也能在时间的长河中熠熠生辉。

由于水平有限,书中难免有疏漏和不妥之处,恳请读者批评指正。

著 者

2022 年 4 月

目　　录

第1章 绪 论

1.1 研究背景与意义

随着近些年空空武器对抗技术的不断发展,武器防御系统的性能有了本质提升,与此同时,目标的机动能力和智能化程度也越来越高。以临近空间高超声速飞行器为代表的这类新型目标飞行器正朝着远程化、超声速化、智能化方向发展,代表了未来飞行器的发展趋势[1-2]。对该类目标飞行器的拦截难点主要体现在以下几个方面[3]:①由于该类飞行器一般活跃在外层临近空间(距地 20~100 km),距离地面较远,再加上外层空间具有复杂的宇宙射线和电磁环境,传统的地面探测设备和一对一探测方式很难对飞行器的状态进行准确探测;②由于该类飞行器侧向机动能力很强,可以利用气动力进行滑翔飞行,其飞行轨迹很难被准确预测;③由于该类飞行器飞行速度极快,能够以马赫数不低于 5 的速度进行巡航和跳跃飞行,在拦截器发现目标并对其进行拦截时,所需的预警时间较长,且留给拦截器的反应时间非常短暂,对拦截器机动性能和制导控制系统要求较高;④该类目标飞行器智能化程度较高,在面对拦截器时不仅能够以较强的机动能力进行突防,还能够通过隐身、电磁干扰、电磁压制、伪装、释放诱饵和发射拦截器等方式进行反制,采用常规方法对其进行探测和拦截很难取得理想效果[4]。分析现有精确制导武器的技术特点、面临的复杂作战环境以及该类新型目标飞行器的机动特性可知,单一飞行器往往受制于视场范围、机动能力以及打击精度而无法较好地完成预定的拦截任务,且传统的直接拦截方式面对这类大机动、强突防目标时很难进行有效拦截。为有效拦截这类目标,多飞行器协同拦截方案逐渐成为国内外军事领域关注的焦点。

有矛必有盾,以强机动、超声速、智能化为代表的这类新型目标给防御系统带来了新的挑战,世界各军事强国都在大力发展多飞行器协同防御技术。美国是最早发展多飞行器协同技术的国家之一。自从 2006 年 5 月退出"反导条约"以来,美国重点发展的多拦截器防御计划首次向世人披露,该项计划主要是为了应对带有诱饵的对方来袭武器、增强美方防御系统的探测和拦截能力。此次披露的计划主要涉及两项关键技术:一是"主从式"多飞行器协同拦截技术,即一枚或多枚领弹带领其他从弹对来袭的空中目标进行协同打击,通过领弹与从弹之间的相互通信和协同配合共同完成对目标的攻击任务;另一个是"集群式"多飞行器协同拦截技术,在该方案中,所有飞行器配置和任务均相同,按照某种控制和通信策略对预定目标进行协同拦截。与"主从式"方案不同,"集群式"方案中不存在领导者,所有飞行器不分主次,共同对目标进行协同打击。这两项计划的提出预示着未来战争将向着复杂化、集群化、智能化的方向发展,也开启了各个国家研发多飞行器协同拦截技术的序幕。近些年来,随着相关技术的不断成熟,多飞行器协同拦截方案已经从技术层面逐渐发展到了应用层面。面对美国的强大威慑,俄罗斯也发展了较为先进的"花岗岩"超声速反舰导弹系统,该武器系统基于"领弹-从弹"协同制导方案,在一枚领弹的带领下,多枚从弹能够同时以不同的拦截角拦截机动的大型水面舰艇和平台。此外,美国采用侦察弹与拦截弹协同作战的方法,研发了"网火"协同作战系统,该武器系统集探测和拦截于一体,能够以较快的速度发现目标并进行多弹协同拦截,真正实现了发现即摧毁的战术目标。这些军事强国大力发展的多飞行器协同拦截技术对其他国家产生了巨大的战略威慑,我国发展自己的多飞行器协同技术也是迫在眉睫的战略需要[5]。

由于这类新型目标飞行器具有速度快、机动性强、智能化程度高、探测难、拦截难等特征,采用常规的拦截方案很难奏效,采用多飞行器协同拦截是一种现实可行的途径。影响多飞行器协同拦截效果的因素和环节有很多,其中最关键的环节有两个:一个是协同探测环节;另外一个是协同制导环节。这两个阶段的协同效果将直接决定最终的打击精度和毁伤效果。由于多飞行器协同探测能够扩大探测范围、提高探测精度并增强探测信息的容错性,各飞行器通过相互通信和信息融合能够有效增强对目标状态的估计效果,为协同作战提高可靠的信息支撑;在对这类飞行器进行制导过程中,多飞行器对目标协同制导可以有效提高对目标的打击精度、最大限度地提高拦截器的突防概率并显著增强对目标的毁伤效果[6]。

由于多飞行器协同拦截过程一般在末制导段,当面对这类高速大机动目标时,留给协同探测与制导的时间通常非常短暂,无论是探测还是制导过程都需要在与目标交汇之前完成,且所关注的性能指标以及设计的机动指令均在很短的拦截时间内才有意义。因此,针对多飞行器对抗性较强的末制导段,探索行之有效的协同探测与制导方法对解决相关问题至关重要。本研究着眼于多飞行器协同探测与制导过程中的几种典型情形,在飞行器的末制导阶段内探索有效的协同探测和制导方法,旨在为提升多飞行器协同作战效果提供可靠的理论依据。

1.2　国内外研究现状

1.2.1　协同探测理论方面

在考虑面临具有高对抗性或者强机动的敌方目标时,为了实现较好的拦截效果,一方面需对目标的运动状态进行精确的估计并跟踪,另一方面需对除视线角以外的其他相对运动信息进行探测(如目标的加速度、接近速度、制导剩余时间以及弹目相对距离等),这样才有可能达到较好的拦截效果。同时,在多枚导弹向同一目标的制导过程中,多飞行器间的信息共享可以提高对目标的探测精度。而现有的寻的末制导导引头往往只能量测相对视线角信息,然而对除视线角、视线角速率以外的其他相对运动信息的测量或估计几乎都依赖于对弹目相对距离的测量。因此,采用多拦截器通过协同探测的方式测量弹目相对距离就成为一种合理的、值得关注的发展方式。此外,为了提高在制导过程中对目标状态的精确估计及跟踪,有必要引入一种有效的状态估计方法以满足对目标拦截精度的要求。

对目标状态的精确估计影响着拦截器对机动目标的制导性能,比较著名的状态估计方法有卡尔曼滤波[3]及其诸多扩展,如扩展卡尔曼滤波[4]、无迹卡尔曼滤波[5]等,但是利用这些方法进行状态估计时,需要提前知晓目标的机动能力,这就大大制约了它们在制导问题中的应用。随着 Singer 模型[6]的提出,上述问题得到了解决,该模型认为目标加速度是一个平稳的、时间相关的随机过程。基于 Singer 模型,Moose 等人[7-8]提出了半马尔可夫模型,模型中引入了非零加速度项,弥补了 Singer 模型因假设加速度为零均值带来的缺陷。基于修正瑞利分布思想,周宏仁[9]提出了"当前"统计模型,该模型认为,目标下一时刻的机动加速度取值需要考虑目标"当前"机动加速度的情况,该模型能更为真实地反映目标机动范围和强度的变化。K. Mehrotra 和 P. R. Mahapatra 等人[10-11]提出了目标机动的 Jerk 模型,该模型将加速度变化率在状态变量中进行了扩展,实现了目标机动变化率与时间的关联,适用于高速机动的目标。对于由任意随机输入驱动的系统,利用成型滤波器(Shaping Filter,SF)[12]可将其表示为仅由白噪声驱动的增广系统。通过引入 SF,得到基于 SF 的卡尔曼滤波(Kalman Filter with a Shaping Filter,KF/SF),目标的随机机动就可表示为一个白噪声通过 SF 的结果。但是基于以上模型的 KF/SF 只适用于单一运动的模型,对于目标加速度变化比较大或运动模态比较多元的情况,该模型的适用性较低。因此,随着滤波状态估计方法的发展,学者们利用多模型自适应滤波[13]解决了目标多模态运动的问题,这种方法通过多模型模概率加权的方法来拟合目标的机动,滤波中的假设模型越多,对目标机动的拟合程度越高,但是相应的计算复杂度也越高。许多有效的算法被提出以解决多模型滤波计算复杂度较高的弊端。文献[14]提出的算法可使得多模型滤波中的增益方差只需要计算一次。Hexner[15]提出了独立于估计方法的机动指令检测的时间下界,这意味着可大大减少多模型自适应算法(Multiple Model Adaptive Estimation,MMAE)中使用的元素滤波器的数量。基于文献[15],Shima 等人[16]针对目标的 bang-bang 机动提出了快速多模型滤波算法,大大减少了元素滤波器的使用个数和计算复杂度。相比于多模型自适应滤波,交互式多模型[17]滤波考虑了不同模型间的相互转移概率,是一种动态的多模型滤波方式,但是其概率转移矩阵是事先已知的通过先验知识得到的,这就导致了在目标模态发生变化一段时间后模型概率才能进行更新。针对这个问题,Zhang 等人[18]改进模型匹配概率更新方法提出了一种自适应交互式多模型(Interacting Multiple Model,IMM)滤波算法,该方法能够根据目标机动特性自适应调节匹配模型的概率并显著提高协同探测的精度。

为了得到更精确的目标信息和实现更好的拦截性能,有必要测量和估计除了视线角以外的信息,诸如目标加速度、接近速度、剩余时间和目标的相对距离等。除了视线角及其变化率之外,几乎所有这些因素都依赖于拦截器与目标之间的相对距离信息。在使用多飞行器协同拦截机动目标的过程中,飞行器在制导过程中的相对几何构型会影响对目标的探测误差。当采用多飞行器协同测角进一步估计出距离信息的方式时,如果多飞行器与目标共线时则无法估计出相对距离,近似共线时估计误差较大。Shaferman 等人[19]将研究对象明确为带有只能测量角度信息的两枚拦截器,基于 IMM 算法和多模型粒子滤波(Multiple Model Particle Filter,MMPF)算法研究了协同探测并实时估计目标运动信息的问题,比较了各自独立探测与协同探测时制导系统的表现,结果表明协同探测方式可以显著提高拦截效能,但对实时数据处理的能力提出了较高的要求。Liu 等人[20]给出了与视线分离角相关的具体的误差模型,该模型表明两拦截器协同测距的探测误差会随着视线分离角的减小而增大,所以在协同制导过程中有必要调制两拦截器的飞行弹道,使其能够相互分离,以减小协同探测误差。在文献

[21]的基础上,Fonod 等人[22]引入 Liu 提出的探测误差模型,将协同探测制导问题扩展到目标发射两枚防御器协同反拦截寻的导弹的情形中,研究发现两枚防御器间的视线分离角在 $30°\sim65°$ 之间时,它们才具有比较好的探测拦截性能。此外,Fonod[23]又针对两拦截器协同拦截机动目标的情形,基于最优控制理论和探测误差模型针对目标设计了使两拦截器间视线分离角变小的“致盲”制导律,该制导律能够增大两拦截器协同测距的探测误差,从而增大拦截脱靶量,并结合目标 bang-bang 机动逃逸,增加其幸存概率。

1.2.2 协同制导理论方面

多飞行器协同作战的概念引入较早,公开研究的文献也较多,在体系作战思想的指引下,协同作战技术成为未来武器发展的一个重要方向。单枚飞行器作用发挥和作战能力十分有限,且多飞行器协同能够带来可观的战术和战略价值,多飞行器协同制导问题作为其中的一个主要应用研究受到了广泛的关注。多飞行器协同通过合理有效的协同策略及任务配置,能够实现“战术隐身”,增加电子对抗和目标识别能力等功能[24],显著地提高了弹群突防能力,在察打一体、饱和攻击等战术应用中具有独特的优势[25]。根据飞行器间功能角色配置的异同,可将协同制导问题划分为相同角色的协同和不同角色的协同。相同角色的协同制导中的每个个体的功能配置和遂行的作战任务都是相同的,不同角色的协同制导中的个体存在担负不同作战任务的差异,其发挥的作用有明显的区别。

1. 相同角色多飞行器协同制导

传统的多飞行器协同制导的相关研究一般认为多飞行器配置与任务相同,可以看成是相同角色多飞行协同制导与突防的情形。攻击时间协同和终端角度协同是传统的飞行器协同制导的相关研究涉及较多的问题。攻击时间协同想定的作战背景是多飞行器攻击同一个目标,通过协同制导使得多飞行器可以同时到达目标,以饱和攻击的形式提高突防能力和杀伤力。显然,实现攻击时间协同的基础是剩余时间可控制导律(Impact Time Control Guidance,ITCG),针对剩余时间可控制导律,Jeon In-Soo 团队[26]给出了比较完备的研究结果。在此基础上,国内的赵世钰和周锐[27]在文献[28]的基础上提出了一种拦截时间一致的双层协同制导架构,张友安等人[29]在文献[30]和[31]的基础上创新性地提出了一种“领弹-从弹”的协同制导架构,这两种架构通常利用比例导引(Proportional Navigation,PN)及其诸多变体来设计制导律,此后的许多协同制导方法研究均是以这两种架构为基础展开的。

比例导引制导律是一种著名的寻的制导方法,一般来说,导航比是固定的。

然而,在某些情况下,它可以被认为是一种控制参数,以实现所需的终端航向角。Jeon 等人[32] 提出了一种协同比例导引制导律(Cooperative Proportional Navigation,CPN)。CPN 的结构与常规 PN 相同,不同之处是它具有时变的导航增益,可根据机载剩余时间和其他导弹的剩余时间进行调整,以使得所有的导弹都能同时到达目标。Kumar 和 Ghose[33] 使用非线性交战动力学和滑模控制的概念推导出了碰撞时间约束制导律,采用集中协调算法和 ITCG 建立了各拦截器之间的协调关系。所有拦截器的碰撞时间都是通过中心协调算法实时计算的,不需要在拦截器发射之前事先确定。同样地,以直接互调导弹的剩余时间差值为手段,文献[34]设计了考虑通信拓扑条件的分布式多导弹协同制导律。将各导弹作为网络同构节点建立协同制导模型,给出了保证协同性的拓扑要求,在导弹节点局部通信和存在跳变的条件下,实现了多导弹同时攻击。Zeng 和 Dou[35] 基于当前导弹和其他导弹之间的状态误差反馈的平均值,提出了一种将 PN 制导律和协同加速度命令结合起来的制导律。协同加速度命令用来调整飞行路径和碰撞时间,在不改变导弹速度、不预置碰撞时间和不评估其他导弹剩余时间估计的情况下,解决了齐射攻击问题。Song 等人[36] 将剩余时间作为一致变量,提出了一种三维的带碰撞角约束的有限时间协同制导律。吕腾等人[37] 针对多导弹以期望的视线约束角同时打击机动目标的问题进行了研究。在视线方向,基于积分滑模控制理论设计了有限时间协同制导律,以使得所有导弹的终端拦截时刻在有限时间内达到一致。在视线法线方向,将目标机动当作外部干扰,基于有限时间滑模控制理论设计了带视线角约束的有限时间制导律。

张友安首次将"领弹-从弹"的思想应用到多导弹时间协同的制导与控制中。在制导过程中,领弹采用 PN 制导律,被领弹采用 PN 制导律的同时加入机动控制的方式,使被领弹的状态跟踪领弹的状态,最终使它们能够一致到达目标。Zhao 和 Zhou[38] 提出了一种用虚拟领弹的概念来设计碰撞时间控制制导律,这种方法是 PN 制导律和飞行时间误差反馈的结合。这个方案的核心思想是对真实导弹采用虚拟领弹的方案来将制导问题转换为带时间约束的非线性追踪问题。在文献[39]基础上,文献[40]设计了领弹和被领弹自适应分布式协同制导律。文中假设导弹之间的通信是双向的,领弹采用固定导航比的 PN 制导律,而被领弹则采用基于自适应时变导航比的 PN 律,基于动态网络系统的同步原理设计分布协同策略,可使得领弹和被领弹状态尽快趋于一致。文献[41]~[43]考虑目标的位置信息和速度信息可测量,将目标看作一枚领弹,与多枚执行攻击目标任务的导弹组成"领弹-从弹"的异构拓扑结构。孙雪娇等人[42] 利用网络同步算法实现了导弹位置与目标位置的同步,给出了导弹所需的惯性坐标系下 3 个方向的速度分量指令。利用相同的方法,周锐等人[41] 基于反步法将控制器设计过程转化为对速度及弹道角子系统、气动角子系统和角速率子系统的设计。各子系统使用滑模控制的方法,通过选择合适的增益使得李雅普诺夫函数的导数小于零,保证在滑模面附近系统有界稳定。文献[43]采用带安全距离的同步算法提出了一种碰撞自规避多导弹分布式协同制导律。针对系统存在不确定性和外部扰动的情形,给出了一种基于改进微分器的动态面控制方法,实现了对干扰的精确估计,保证了闭环系统的跟踪性能。

终端角度协同的目的是通过控制导弹运动轨迹,使其沿一个预先设定的或者导弹在运动过程中协同构成的角度攻击目标,以达到对目标更加有效的拦截与打击。有研究表明导弹间协同测量目标的视线分离角(在某些情况下可近似于攻角)会影响对目标的测量精度。类似于时间协同制导,实现终端角度协同的基础是终端角度可控制导律(Interception Angle Control Guidance,IACG)。Kim 和 Grider 首次在机动弹头再入制导的研究中引入落角约束问题,之后终端角度约束的制导律又经过近四十年的发展,取得了诸多研究成果。此外,有一些研究成果同时考虑攻击时间协同和终端角度协同。

2. 不同角色多飞行器协同制导

在面临一个作战任务时,不同个体可以完成不同任务以相互配合,因而不同角色多飞行器间的协同可大大提高个体行为的智能性,拥有巨大的发展潜力和广阔的应用前景,如美军的"网火"计划和保护我方高价值飞行器情形。通过不同功能角色配置的弹间协同来实现更复杂智能的作战意图逐渐成为研究的热点,最典型的如采用多飞行器相互协同保护我方高价值飞行器实现突防,即目标-导弹-防御器(Target-Missile-Defender,TMD)。如图 1.1 所示为 TMD 协同制导示意图。

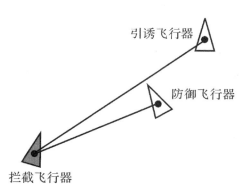

图 1.1 TMD 协同制导示意图

TMD 问题首先由 Boyell[44-45] 提出并进行了研究,在他的研究中假设速度是恒定不变的,同时拦截器和防御器都采用 PN 制导律,以此得到了三个飞行器运动的闭合形式解并对其进行了分析。随着作战样式和武器性能的不断提高，此类问题真正引起关注是在最近几年。Ratnoo 和 Shima[46] 对 TMD 中三者的相对运动进行了分析，考虑了各种攻击几何和攻击者机动的情况。Yamasaki 和 Balakrishnan[47] 针对防御器提出了一种视线制导方法，此方法使得防御器攻击拦截器的弹道较为平直，防御成功率较高，并在仿真中考虑了三个飞行器在三维空间中运动的情形。在上述的研究中，虽然目标和防御器都完成了各自的任务，但它们之间并不存在协同。为了提高目标的生存能力，目标与防御器能相互协同的制导律被设计出来。Shaferman 和 Shima[48] 针对 TMD 问题提出了多模自适应制导策略，该策略在考虑探测误差及非线性运动模型时具有优势。

考虑到工程应用及传统制导方法的研究成果，针对此类制导问题，基于视线导引的制导方法受到了关注。Balakrishnan 和 Shima 等人[49-50] 发表了基于视线制导方法的研究成果。Balakrishnan 等人[49] 基于最优控制理论和速度误差反馈对视线制导律进行了改进，并针对目标不同的机动情形进行了仿真。Shima 等人[50] 则分析了采用不同制导律的防御器和拦截器相互对抗的情形，并给出了不同情况下的边界条件。此外，Shima 等人[51] 又研究了防御器的视线制导方法，同时将所提的视线制导方法与比例导引方法进行了比较，结果表明采用视线制导方法的防御器只需要比拦截器更小的过载需求就能够达成作战目的，当高价值飞行器与防御器进行配合制导时，此需求进一步减小。随着研究的深入，学者们又考虑了在三个飞行器并不只是采取某种不变的制导律，而是三方均可以实时获得相对运动信息的情形下，三方各自如何采取最优的运动策略使得最终结果对己方最为有利。Shima 等人[52] 提出了最优合作制导律，其假设拦截器采取某种线性制导律，推导得出了高价值飞行器与防御器的最优合作制导律。Rubinsky 等人[53] 提出了综合考虑能量消耗与脱靶量的性能指标，并基于最优控制的思想研究了高价值飞行器与防御器各自的策略，同时分析了不同初始相对位置和制导剩余时间对拦截结果的影响。Shima 等人[54] 又分析了防御器与拦截器分别采取比例导引、纯追踪导引和视线导引对最终结果的影响，并给出了防御器与拦截器各自达成作战意图的条件。

为了提高目标与防御器之间的协同，Shima 等人[55] 基于最优控制提出了双向协同策略，针对拦截器采取的不同制导律，分别给出了目标-防御器组的最优双向协同制导律。相比于单向协同策略，双向协同策略由于目标与防御器能够相互分享彼此的机动信息而在脱靶量及能量消耗方面具有明显的优势。事实上，在这种情况下，目标扮演了引诱角色，目的是使防御器能更好地拦截拦截器。Weiss 等人[56] 针对防御器拦截拦截器和目标从拦截器的拦截中逃逸两种情况，提出了最小化控制消耗制导律。这种 TMD 问题的制导算法设计根据脱靶量和优化所需的控制努力来获得指定的性能指标,并进行求解。在文献[57]的基础上,Fonod 和 Shima[22]将 TMD 问题想定为我方飞行器发射两枚防御器对敌方拦截器进行拦截的情形,通过引入协同测量的误差模型,研究了两防御器相对于拦截器的测量基线对其探测性能的影响,并确定了能提高探测性能的最佳相对测量角度的范围。

为了使得最终的制导结果趋向于对自己最有利的情况,考虑导弹和目标—防御器组都采用零和博弈对抗的形式,利用微分对策来设计它们的制导律。文献[58]使用线性二次微分对策的形式,建立了考虑双方脱靶量和控制消耗的性能指标,并给出了考虑三者控制输入的解析形式,推导了鞍点解存在的条件,分析了各种极限情况下的导航增益。文献[59]研究了三者存在边界控制下的微分对策制导律,并给出了拦截器躲避防御器捕获目标的代数条件。此外,还给出了导弹停止躲避防御器开始追击目标的切换时间。Shalumov[60]研究了更复杂的TMD 交战情形,即目标面对两个导弹的拦截时,发射两枚防御器以反拦截并实现突防,利用微分对策理论给出了它们的解析解。

1.3　本书的主要工作和结构安排

本书针对多飞行器的协同探测和制导两个关键环节,研究它们之间的相互影响及对最终拦截性能的表现,并针对几种典型的飞行器对抗交战情形,给出相应的协同探测制导设计方法,最后通过仿真评估了这几种方法的性能。

第 1 章介绍课题研究背景和意义及相关技术研究现状,探讨其发展趋势及意义所在,分析归纳当前研究的不足和下一步研究的思路,介绍各章节的具体研究内容。

第 2 章针对多飞行器协同交战中的几种典型情形,在飞行器动力学及运动学的基础上,建立相关的数学模型。利用状态空间描述法将数学模型转化为状态方程的形式,并针对现有的探测手段,建立量测方程。

第 3 章针对高价值飞行器发射两枚防御器拦截敌方两枚拦截器的不同角色协同制导情形,提出目标与两防御器协同的多模自适应制导律。首先,该制导律将目标与两防御器三者的深度协同考虑在内提出双向协同策略。其次,为了成功拦截敌方导弹,引入 MMAE 来识别导弹所采用的制导律并估计其状态。最后,针对上述所提方法进行仿真验证。

第 4 章针对两拦截器协同拦截 bang-bang 机动目标的情形,提出一种考虑双视线协同探测误差的 Fast MMAE 协同制导律。首先,该制导律引入与两拦截器视线分离角相关的协同测距误差模型，能够减小两拦截器的协同探测误差。其次，引入 Fast MMAE 以识别目标机动切换时机并估计其加速度，从而精确地跟踪并拦截目标。最后，通过仿真，验证所提方法在探测和拦截性能上的优势。

第 5 章针对两拦截器协同拦截能够发射诱饵的敌方目标的情形，提出诱饵干扰情况下考虑双视线协同探测误差的协同制导律设计方法。首先，将协同制导律设计分为未识别出诱饵阶段和识别出诱饵阶段。其次，针对两个阶段分别设计协同制导律：在未识别出诱饵阶段，基于 HPI 的方法，设计能够最大化拦截真实目标的预测制导律；在识别出诱饵阶段，设计考虑视线分离角的协同制导律。仿真结果验证了分阶段协同制导律的可行性。

第 6 章针对不具备探测能力的拦截飞行器拦截机动目标的情形，在仅能获取视线相关信息的探测飞行器的协同下，提出一种有效的非线性制导方法。首先，引入结合动态面技术的反步控制方法来设计拦截飞行器的控制器，以使得拦截飞行器和探测飞行器及探测飞行器和机动目标之间的视线角误差收敛到 0，从而能确保拦截飞行器位于探测飞行器和机动目标间的视线上。其次，只包含视线角速率项的探测飞行器的控制器被设计用来维持一个相对稳定的视线角变化状态。最后，分析成功拦截机动目标的两个必要条件，并且验证协同拦截策略的有效性。

第 7 章对本书的工作进行总结，并对下一步的研究进行展望。

第 2 章　飞行器协同探测制导相关模型的建立

2.1　引　　言

探测制导问题的解决依赖于对飞行器交战的动力学与运动学原理分析,为了更方便地描述它们的交战过程,需要在一定的假设条件下,针对不同的情形建立相应的数学模型。数学模型是研究自然科学问题及对其定量分析的基础,探测制导问题的特殊性要求我们将相应的数学模型利用状态空间描述法将其转换为状态方程,以便于利用现代控制理论解决制导设计问题。

2.2　飞行器末制导系统

导弹的制导过程可分为三个阶段:初制导段、中制导段和末制导段,其中,末制导段在达成制导目的上显得尤为关键,它在很大程度上决定了最终的制导精度。飞行器末制导系统一般包括三个子系统:探测系统、指令生成系统和飞行控制系统,这三个系统是相互影响的统一整体,它们三者共同决定了最终的制导效果。探测系统通过自身的传感器得到与目标间的相对运动信息,同时输出用于生成制导指令的有效信息,生成制导指令的准确程度依赖于描述目标运动状态的模型。指令生成系统和飞行控制系统的作用是在弹目相对运动模型中生成服从所设计的导引规律的制导指令及对它的响应[61]。

2.2.1　坐标系定义及转换

为了分析飞行器之间的相对运动学原理及建立合适的数学模型,需要选取几个合适的空间坐标系。在本章的内容中,我们选取惯性坐标系 $OX_1Y_1Z_1$、牵连惯性坐标系 $OXYZ$ 和视线坐标系 $OX_LY_LZ_L$ 来分析飞行器之间的运动。

定义 2.1 惯性坐标系 $OX_1Y_1Z_1$:以地球中心 O 为原点,OX_1、OY_1、OZ_1 轴相互正交且满足右手法则,构成三维空间正交坐标系。坐标系不随地球的转动而转动,在飞行器制导过程中,因为末制导时间较短,可以忽略地球转动对其产生的影响。

定义 2.2 牵连惯性坐标系 $OXYZ$:以飞行器质心 O 为原点,牵连惯性坐标系的 OX、OY、OZ 轴分别平行于惯性坐标系的 OX_1、OY_1、OZ_1 轴。

定义 2.3 视线坐标系 $OX_LY_LZ_L$:以飞行器质心 O 为原点,取飞行器相对于目标的视线为 OX_L 轴且方向指向目标为正;以包含 OY_L 轴的纵平面内且垂直于 OX_L 轴的直线为 OY_L 轴;以右手法则确定 OZ_L 轴。

在相对运动原理分析中,惯性视线信息是研究飞行器探测和制导问题最为重要的观测量,所以我们需要根据视线坐标系与牵连惯性坐标系的转换关系,将视线信息转化为惯性信息。它们之间的关系可通过视线偏航角 λ_h 和视线俯仰角 λ_v 来描述,如图 2.1 所示。

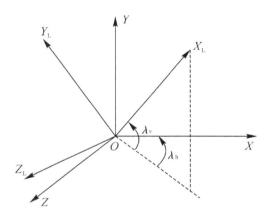

图 2.1 视线坐标系与牵连惯性坐标系

定义 2.4 视线偏航角 λ_h:以飞行器相对于目标的视线方向在牵连惯性坐标系 OXZ 面上的投影与 OX 轴的夹角为偏航角 λ_h,迎着 OY 轴观察,逆时针旋转方向为正。

定义 2.5 视线俯仰角 λ_v:以飞行器相对于目标的视线方向 OX_L 与 OXZ 面间的夹角为俯仰角 λ_v,沿 OX_L 轴指向上为正。

通过图 2.1 所示的坐标系之间的转换关系可得到它们之间的方向余弦矩阵为

$$\boldsymbol{T}_{\mathrm{L}} = \boldsymbol{L}(\lambda_{\mathrm{h}}, \lambda_{\mathrm{v}}) = \begin{bmatrix} \cos\lambda_{\mathrm{v}} & \sin\lambda_{\mathrm{v}} & 0 \\ -\sin\lambda_{\mathrm{v}} & \cos\lambda_{\mathrm{v}} & 0 \\ 0 & 0 & 1 \end{bmatrix} \begin{bmatrix} \cos\lambda_{\mathrm{h}} & 0 & -\sin\lambda_{\mathrm{h}} \\ 0 & 1 & 0 \\ \sin\lambda_{\mathrm{h}} & 0 & \cos\lambda_{\mathrm{h}} \end{bmatrix} =$$

$$\begin{bmatrix} \cos\lambda_{\mathrm{v}}\cos\lambda_{\mathrm{h}} & \sin\lambda_{\mathrm{v}} & -\cos\lambda_{\mathrm{v}}\sin\lambda_{\mathrm{h}} \\ -\sin\lambda_{\mathrm{v}}\cos\lambda_{\mathrm{h}} & \cos\lambda_{\mathrm{v}} & \sin\lambda_{\mathrm{v}}\sin\lambda_{\mathrm{h}} \\ \sin\lambda_{\mathrm{h}} & 0 & \cos\lambda_{\mathrm{h}} \end{bmatrix} \tag{2.1}$$

2.2.2　目标机动模型

为了获取目标的机动信息以实现对目标的有效拦截，对目标的运动状态的探测显得尤为重要。由于目标的非合作性，目标的运动状态通常是很难预测的。因此需要建立有效的符合实际运动状态的一种或几种模型来拟合目标的运动，对于模型与实际运动形式描述不精确的部分，用误差范围进行描述。常见的几种描述目标运动状态的模型有匀速（Constant Velocity，CV）模型、匀加速（Constant Acceleration，CA）模型、Singer 模型、"当前"统计模型、Jerk 模型和半马尔可夫模型等。CV 模型和 CA 模型对目标的机动假设过于简单，且与现实中目标的机动形式不符，描述目标的加速度是一个非常复杂的问题。而 Singer 模型的提出，弥补了上述模型的不足，对于目标机动模型描述方面具有重大的意义。Singer 模型假定目标加速度是平稳的一阶时间相关的随机过程，由于其加速度为零均值的假设与实际的情况依然存在出入，当目标的加速度剧烈变化时，它对目标机动的拟合特性会降低。半马尔可夫模型引入了非零加速度项弥补了针对 Singer 模型假设加速度为零均值的不合理性，但是在实际情况中往往很难精确地给出非零加速度项。"当前"统计模型将目标当前加速度情况考虑到下一时刻机动过程中，下一时刻的加速度的取值只能在"当前"加速度的领域内。因为该模型考虑到了目标当前时刻的具体机动，所以它更能反映目标的真实状态。Jerk 将加速度的变化率作为一个分量扩展到了目标运动模型的状态变量中，因此对于大机动目标具有良好的跟踪效果。Jerk 模型中的加速度变化率是平稳的一阶时间相关的随机过程，且加速度变化率的时间相关函数服从指数衰减形式。下面将对几种常用的模型进行具体描述。

1. 匀速（CV）模型

CV 模型是假设目标执行匀速机动的二阶模型，一般用于对目标匀速机动的跟踪。在目标匀速机动的假设下，可选取目标的位置和速度作为状态变量，即 $\boldsymbol{X}_T = \begin{bmatrix} x_T & \dot{x}_T \end{bmatrix}^{\mathrm{T}}$，由此可建立状态方程

$$\dot{\boldsymbol{X}}_T = \boldsymbol{A}_T \boldsymbol{X}_T + \boldsymbol{B}_T \boldsymbol{w}_T \tag{2.2}$$

式中:$\boldsymbol{A}_T = \begin{bmatrix} 0 & 1 \\ 0 & 0 \end{bmatrix}$;$\boldsymbol{B}_T = \begin{bmatrix} 0 \\ 1 \end{bmatrix}$;$\boldsymbol{w}_T$ 是服从均值为零、方差为 σ_T^2 的高斯白噪声,即 $\boldsymbol{w}_T \sim N(0, \sigma_T^2)$。

2. 匀加速(CA)模型

CA 模型是假设目标匀加速机动的三阶模型,一般用于对目标匀加速机动的跟踪。在目标匀加速机动的假设下,可选取目标的位置、速度和加速度作为状态变量,即 $\boldsymbol{X}_T = \begin{bmatrix} x_T & \dot{x}_T & \ddot{x}_T \end{bmatrix}^T$,由此可建立状态方程

$$\dot{\boldsymbol{X}}_T = \boldsymbol{A}_T \boldsymbol{X}_T + \boldsymbol{B}_T \boldsymbol{w}_{a,T} \tag{2.3}$$

式中:$\boldsymbol{A}_T = \begin{bmatrix} 0 & 1 & 0 \\ 0 & 0 & 1 \\ 0 & 0 & 0 \end{bmatrix}$;$\boldsymbol{B}_T = \begin{bmatrix} 0 \\ 0 \\ 1 \end{bmatrix}$;$\boldsymbol{w}_{a,T}$ 是服从均值为零、方差为 $\sigma_{a,T}^2$ 的高斯白噪声,即 $\boldsymbol{w}_{a,T} \sim N(0, \sigma_{a,T}^2)$。

3. Singer 模型

Singer 模型是由 R. Singer 提出的极具影响力的目标机动模型,该模型中的目标机动是由与时间相关的有色噪声序列组成的。假定目标加速度 $a(t)$ 服从一阶时间相关过程,那么其时间相关函数可表示为指数衰减函数,即

$$R_a(\tau) = E[a(t)a(t+\tau)] = \sigma_a^2 e^{-\alpha|\tau|}, \alpha \geqslant 0 \tag{2.4}$$

式中:σ_a^2 为机动加速度的方差,$\alpha = 1/\tau$ 为目标机动时间常数的倒数,它的值一般由先验知识确定:当目标执行转弯机动时,$\alpha = 1/20$;当目标执行躲避机动时,$\alpha = 1/60$;大气扰动时,$\alpha = 1$。Singer 模型假定目标的加速度 $a(t)$ 的概率密度近似服从均匀分布,即加速度均值为零,方差可表示为

$$\sigma_a^2 = \frac{a_{\max}^2}{3}(1 + 4P_{\max} - P_0) \tag{2.5}$$

式中:$a_{\max}$ 为目标的最大加速度值;$P_{\max}$ 为目标发生机动的概率;P_0 为目标不发生机动的概率。

对式(2.4)中的 $R_a(\tau)$ 进行 Wiener-Kolmogorov 白化程序处理后,可将目标的加速度用一阶时间相关模型来表示,即

$$\dot{a}(t) = -\alpha a(t) + w(t) \tag{2.6}$$

式中,$w(t)$ 是均值为零,方差为 $2\alpha\sigma_a^2$ 的高斯白噪声。选取目标的位置、速度和加速度作为状态变量,即 $\boldsymbol{X}_T = \begin{bmatrix} x_T & \dot{x}_T & \ddot{x}_T \end{bmatrix}^T$,可得 Singer 模型的状态方程为

$$\dot{\boldsymbol{X}}_T = \boldsymbol{A}_T \boldsymbol{X}_T + \boldsymbol{B}_T \boldsymbol{w}_{a,T} \tag{2.7}$$

式中：$A_T = \begin{bmatrix} 0 & 1 & 0 \\ 0 & 0 & 1 \\ 0 & 0 & -\alpha \end{bmatrix}$；$B_T = \begin{bmatrix} 0 \\ 0 \\ 1 \end{bmatrix}$；$w_{a,T}$ 是服从均值为零、方差为 $\sigma_{a,T}^2$ 的高斯白噪声，即 $w_{a,T} \sim N(0, 2\alpha\sigma_{a,T}^2)$。从 Singer 模型的形式及相关性质来看，可采用卡尔曼滤波及其诸多变体来对其该模型进行滤波估计，这为我们提供了较好的研究基础。

式(2.6)中 α 的值决定了模型中目标的机动形式。当 $\alpha \to 0$ 时，则目标加速度 $a \to c$，c 为某个常数，这说明目标在做匀加速运动；当 $\alpha \to \infty$ 时，则目标加速度 $a \to 0$，这说明目标在做匀速运动；当 $\alpha \in [0, \infty)$ 时，则目标在做匀速与匀加速之间的运动。这说明对于目标的不同运动，Singer 模型都能对其跟踪，具有较好的适应能力。由于 Singer 模型解决了与时间相关目标机动跟踪问题，因此它对于该领域的研究有着非常重大的意义，但是当目标的机动幅度较大时，它的跟踪效果较差。

4."当前"统计模型

"当前"统计模型表明，目标在下一时刻的加速度机动范围一定在此前加速度的邻域内。"当前"统计模型类似于 Singer 模型是一种与时间相关的模型，不同之处在于它的目标加速度 $a(t)$ 是非零均值的时间相关模型。该模型利用修正瑞利分布对目标的加速度的统计特性进行描述，且在每个时刻利用"当前"加速度的估计值代替目标加速度的均值，可将该模型表示为

$$\ddot{x}(t) = \bar{a}(t) + a(t) \tag{2.8}$$
$$\dot{a}(t) = -\alpha a(t) + v(t) \tag{2.9}$$

式中，$\bar{a}(t)$ 为"当前"目标加速度的均值，在采用周期内为常数，且满足

$$\dddot{x}(t) = -\alpha\ddot{x}(t) + \alpha\bar{a}(t) + v(t) \tag{2.10}$$

可将"当前"统计模型写为

$$\begin{bmatrix} \dot{x}(t) \\ \ddot{x}(t) \\ \dddot{x}(t) \end{bmatrix} = \begin{bmatrix} 0 & 1 & 0 \\ 1 & 0 & 1 \\ 0 & 0 & -\alpha \end{bmatrix} \begin{bmatrix} x(t) \\ \dot{x}(t) \\ \ddot{x}(t) \end{bmatrix} + \begin{bmatrix} 0 \\ 0 \\ \alpha \end{bmatrix} \bar{a}(t) + \begin{bmatrix} 0 \\ 0 \\ 1 \end{bmatrix} v(t) \tag{2.11}$$

因为用目标加速度服从修正瑞利分布的特性假设，取代了 Singer 模型中目标加速度为零均值的特性假设，所以"当前"统计模型对范围及强度变化比较大的目标机动具有更强的适应性，是比较符合实际的目标机动模型。

5.Jerk 模型

Jerk 模型是由 Kishore 和 Mahapatraibg 提出的，将目标加速度的变化率作为一个状态分量扩展到目标运动的状态向量中，因此该模型对具有强机动能力

的目标具有良好的跟踪效果。类似于 Singer 模型对加速度特性的假设,Jerk 模型假设目标加速度的变化率服从零均值、平稳一阶时间相关过程,且其时间相关函数服从指数衰减形式。

目标加速度的变化率可表示为

$$j(t) = \dddot{x}(t) \tag{2.12}$$

目标加速度变化率的时间相关函数可表示为

$$R_j(\tau) = E[j(t)j(t+\tau)] = \sigma_j^2 e^{-\alpha|\tau|} \tag{2.13}$$

式中:σ_j^2 是目标加速度变化率的方差;α 是系统的"机动"频率。

对式(2.13)进行拉普拉斯变换可得

$$R_j(s) = \frac{-2\alpha\sigma_j^2}{(s-\alpha)(s+\alpha)} = H(s)H(-s)V(s) \tag{2.14}$$

式中:$H(s) = 1/(s+\alpha)$,$V(s) = 2\alpha\sigma_j^2$。

对式(2.14)进行时域变换,可得微分方程

$$\dot{j}(t) = -\alpha j(t) + v(t) \tag{2.15}$$

式中:白噪声序列 $v(t)$ 的相关函数可表示为

$$R_v(\tau) = 2\alpha\sigma_j^2\delta(\tau) \tag{2.16}$$

选取目标的位置、速度、加速度和加速度的变化率为状态变量,即,$\mathbf{X}_T = \begin{bmatrix} x_T & \dot{x}_T & \ddot{x}_T & \dddot{x}_T \end{bmatrix}^T$,可得状态方程

$$\dot{\mathbf{X}}_T = \mathbf{A}_T\mathbf{X}_T + \mathbf{B}_T w_{j,T} \tag{2.17}$$

式中:$\mathbf{A}_T = \begin{bmatrix} 0 & 1 & 0 & 0 \\ 0 & 0 & 1 & 0 \\ 0 & 0 & 0 & 1 \\ 0 & 0 & 0 & -\alpha \end{bmatrix}$;$\mathbf{B}_T = \begin{bmatrix} 0 \\ 0 \\ 0 \\ 1 \end{bmatrix}$;$w_{j,T}$ 是服从均值为零,方差为 $\sigma_{j,T}^2$ 的高斯白噪声,即 $w_{a,T} \sim N(0, 2\alpha\sigma_{j,T}^2)$。

Jerk 模型中的 α 代表着目标机动范围和强度的大小。当 α 的值较小时,Jerk 模型就退化为一般的 CA 模型;当 α 的值较大时,Jerk 模型表明目标的机动比较剧烈。由于 Jerk 模型通过扩展状态变量的维数来增强对目标机动的描述能力,因此它对高机动的目标具有较强的跟踪能力,但对于机动能力较弱的目标,其跟踪效果较差。

2.2.3 弹目相对运动模型

为方便对飞行器间的相对交战运动进行描述,需要在相应的空间坐标系中

实现数学建模,针对不同情形建立的数学模型可以为相对运动提供滤波模型。

为方便之后的建模分析,引入飞行器与目标之间的距离 r、飞行器与目标的加速度 a_M 和 a_T 这三个物理量。因此可以在视线坐标系中将三者表示为

$$
\left.\begin{aligned}
\boldsymbol{r}_L &= \begin{bmatrix} r & 0 & 0 \end{bmatrix}^T \\
\boldsymbol{a}_M^L &= \begin{bmatrix} a_M^{LX} \\ a_M^{LY} \\ a_M^{LZ} \end{bmatrix} \\
\boldsymbol{a}_T^L &= \begin{bmatrix} a_T^{LX} \\ a_T^{LY} \\ a_T^{LZ} \end{bmatrix}
\end{aligned}\right\} \tag{2.18}
$$

假设视线坐标系与牵连惯性坐标系之间的旋转角速率在视线坐标系下表示为 $\boldsymbol{\omega}_L = \begin{bmatrix} \omega_{LX} & \omega_{LY} & \omega_{LZ} \end{bmatrix}^T$,由它们之间的旋转关系可得

$$
\tilde{\boldsymbol{\omega}}_L = \begin{bmatrix} 0 & -\omega_{LZ} & \omega_{LY} \\ \omega_{LZ} & 0 & -\omega_{LX} \\ -\omega_{LY} & \omega_{LX} & 0 \end{bmatrix} \tag{2.19}
$$

经运动学关系分析可得

$$
\begin{aligned}
\boldsymbol{a}_T^L &= \boldsymbol{a}_M^L + \dot{\boldsymbol{\omega}}_L \times \boldsymbol{r}_L + \boldsymbol{\omega}_L \times (\boldsymbol{\omega}_L \times \boldsymbol{r}_L) + \ddot{\boldsymbol{r}}_L + 2\boldsymbol{\omega}_L \times \dot{\boldsymbol{r}}_L \\
&= \boldsymbol{a}_M^L + \dot{\tilde{\boldsymbol{\omega}}}_L \boldsymbol{r}_L + \tilde{\boldsymbol{\omega}}_L \tilde{\boldsymbol{\omega}}_L \boldsymbol{r}_L + \ddot{\boldsymbol{r}}_L + 2\tilde{\boldsymbol{\omega}}_L \dot{\boldsymbol{r}}_L
\end{aligned} \tag{2.20}
$$

式中,$\boldsymbol{a}_M^L$、$\dot{\tilde{\boldsymbol{\omega}}}_L \boldsymbol{r}_L$ 和 $\tilde{\boldsymbol{\omega}}_L \tilde{\boldsymbol{\omega}}_L \boldsymbol{r}_L$ 是由视线坐标系运动产生的牵连加速度,$\ddot{\boldsymbol{r}}_L$ 为目标产生的相对于视线坐标系的加速度。

对向量方程式(2.20)整理可得视线运动及径向运动方程为

$$
\left.\begin{aligned}
\dot{\omega}_{LZ} &= -2\frac{\dot{r}}{r}\omega_{LZ} + \frac{a_T^{LY} - a_M^{LY}}{r} - \omega_{LX}\omega_{LY} \\
\dot{\omega}_{LY} &= -2\frac{\dot{r}}{r}\omega_{LY} - \frac{a_T^{LZ} - a_M^{LZ}}{r} + \omega_{LX}\omega_{LZ}
\end{aligned}\right\} \tag{2.21}
$$

$$
\ddot{r} = a_T^{LX} - a_M^{LX} + \omega_{LZ}^2 r + \omega_{LY}^2 r \tag{2.22}
$$

惯性视线角 $\boldsymbol{\omega}_L$ 与旋转角 (λ_h, λ_v) 之间的关系可写为

$$
\boldsymbol{\omega}_L = \begin{bmatrix} \omega_{LX} \\ \omega_{LY} \\ \omega_{LZ} \end{bmatrix} = \boldsymbol{L}(\lambda_h, \lambda_v) \begin{bmatrix} 0 \\ \dot{\lambda}_h \\ 0 \end{bmatrix} + \begin{bmatrix} 0 \\ 0 \\ \dot{\lambda}_v \end{bmatrix} \tag{2.23}
$$

将式(2.23)分别代入式(2.21)和式(2.22)中可得

$$\left.\begin{aligned}
\ddot{\lambda}_{\mathrm{v}} &= -2\frac{\dot{r}}{r}\dot{\lambda}_{\mathrm{v}} + \frac{a_T^{LY} - a_M^{LY}}{r} - \dot{\lambda}_{\mathrm{h}}^2 \sin\lambda_{\mathrm{v}}\cos\lambda_{\mathrm{v}} \\
\ddot{\lambda}_{\mathrm{h}} &= -2\frac{\dot{r}}{r}\dot{\lambda}_{\mathrm{h}} + \frac{a_T^{LZ} - a_M^{LZ}}{r\cos\lambda_{\mathrm{v}}} + 2\dot{\lambda}_{\mathrm{h}}^2\lambda_{\mathrm{v}}\tan\lambda_{\mathrm{v}}
\end{aligned}\right\} \tag{2.24}$$

$$\ddot{r} = a_T^{LX} - a_M^{LX} + \dot{q}_{\mathrm{v}}^2 r + (\dot{q}_{\mathrm{h}}\cos q_{\mathrm{v}})^2 r \tag{2.25}$$

式(2.24)和式(2.25)中视线角速率 $[\dot{\lambda}_{\mathrm{v}},\dot{\lambda}_{\mathrm{h}}]$ 在末制导过程中相对较小,忽略二阶小量后可将三维运动方程解耦成纵向平面和横向平面的运动。以飞行器与目标相对运动的纵向平面为攻击平面,可将三维问题转换为二维问题进行研究。以初始视线方向作为 X 轴,以垂直视线方向作为 Y 轴。飞行器间的弹目相对运动模型如图2.2所示。

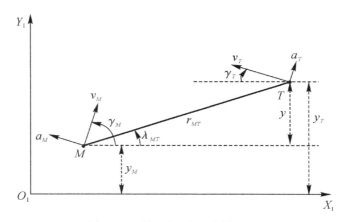

图 2.2　弹目相对运动模型图

对于图 2.2 所示的弹目相对运动过程,加速度的方向始终垂直于速度方向,当两飞行器的飞行过程能被近似成标称三角形时,则可以将该过程线性化处理。在标称三角形的假设下,航向角 γ_M 和 γ_T 与视线角 λ_{MT} 之间的偏差变得很小,因此在视线方向上两个飞行器会匀速接近,拦截时间是恒定的。衡量导弹拦截目标成功与否的关键指标是制导末端的脱靶量,假设导弹与目标的初始视线角为零,且末制导过程所需的拦截时间较短,视线角变化小,所以可将导弹与目标间的侧向相对距离 y 作为脱靶量指标。因此,在制导律设计和状态估计中只考虑 Y 轴上的分量。

假设导弹与目标能够近似为一阶线性动力学模型,则它们的实际加速度与指令加速度的关系可描述为

$$\dot{a}_M = \frac{a_{Mc} - a_M}{\tau_M} \tag{2.26}$$

$$\dot{a}_T = \frac{a_{Tc} - a_T}{\tau_T} \tag{2.27}$$

式中:a_M 和 a_T 分别为导弹和目标的侧向加速度;a_{Mc} 和 a_{Tc} 分别为它们的指令加速度;τ_M 和 τ_T 分别为它们的过载响应时间常数。

指令加速度 a_{Mc} 作为整个系统的控制输入,取状态变量 $\boldsymbol{X}_M = \begin{bmatrix} y_M & \dot{y}_M & a_M \end{bmatrix}^T$,可得导弹在二维空间内的状态空间方程为

$$\dot{\boldsymbol{X}}_M = \boldsymbol{A}_M \boldsymbol{X}_M + \boldsymbol{B}_M a_{Mc} \tag{2.28}$$

式中:$\boldsymbol{A}_M = \begin{bmatrix} 0 & 1 & 0 \\ 0 & 0 & 1 \\ 0 & 0 & -\dfrac{1}{T_M} \end{bmatrix}$;$\boldsymbol{B}_M = \begin{bmatrix} 0 \\ 0 \\ \dfrac{1}{T_M} \end{bmatrix}$。

同理,可写出目标在二维空间内的状态空间方程为

$$\dot{\boldsymbol{X}}_T = \boldsymbol{A}_T \boldsymbol{X}_T + \boldsymbol{B}_T a_{Tc} \tag{2.29}$$

式中:$\boldsymbol{X}_T = \begin{bmatrix} y_T & \dot{y}_T & a_T \end{bmatrix}^T$;$\boldsymbol{A}_T = \begin{bmatrix} 0 & 1 & 0 \\ 0 & 0 & 1 \\ 0 & 0 & -\dfrac{1}{T_T} \end{bmatrix}$;$\boldsymbol{B}_T = \begin{bmatrix} 0 \\ 0 \\ \dfrac{1}{T_T} \end{bmatrix}$。

根据图 2.2 取状态变量为 $\boldsymbol{X}_M = \begin{bmatrix} y & \dot{y} & a_T & a_M \end{bmatrix}^T$,可建立导弹与目标间弹目相对距离的状态空间方程为

$$\dot{\boldsymbol{X}} = \boldsymbol{A}\boldsymbol{X} + \boldsymbol{B}_1 a_{Mc} + \boldsymbol{B}_2 a_{Tc} \tag{2.30}$$

式中:$\boldsymbol{A} = \begin{bmatrix} 0 & 1 & 0 & 0 \\ 0 & 0 & 1 & -1 \\ 0 & 0 & -\dfrac{1}{T_T} & 0 \\ 0 & 0 & 0 & -\dfrac{1}{T_M} \end{bmatrix}$;$\boldsymbol{B}_1 = \begin{bmatrix} 0 \\ 0 \\ 0 \\ \dfrac{1}{T_M} \end{bmatrix}$;$\boldsymbol{B}_2 = \begin{bmatrix} 0 \\ 0 \\ \dfrac{1}{T_T} \\ 0 \end{bmatrix}$。

2.3　带引诱角色的协同制导模型的建立

随着未来战场环境的愈加复杂和反导武器系统智能化程度的提高,单枚飞行器对拦截器的有效突防变得越来越困难,且技术实现上变得越来越复杂。研究者们开始意识到可以采用带防御器的飞行器协同制导技术实现我方飞行器的反拦截制导,这种技术在提高高价值飞行器生存概率的同时,还可以扩大对拦截

器的拦截范围。本节模型的建立考虑了我方高价值飞行器（简称"目标"）作为引诱角色，携带并配合防御器协同反拦截两枚敌方拦截器的情形。多体协同制导交战几何图如图 2.3 所示。

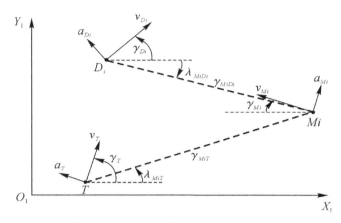

图 2.3 多体协同制导交战几何图

2.3.1 "三体"协同制导模型

忽略重力的影响，可用极坐标 (r, λ) 的形式表示拦截器与目标之间的交战过程，即

$$\dot{r}_{MT} = v_{MT} = -v_T \cos(\gamma_T - \lambda_{MT}) - v_M \cos(\gamma_M + \lambda_{MT}) \tag{2.31}$$

$$\dot{\lambda}_{MT} = \frac{v_T \sin(\gamma_T - \lambda_{MT}) - v_M \sin(\gamma_M + \lambda_{MT})}{r_{MT}} \tag{2.32}$$

相似地，防御器与拦截器之间的交战运动学方程可表示为

$$\dot{r}_{MD} = v_{MD} = -v_D \cos(\gamma_D - \lambda_{MD}) - v_M \cos(\gamma_M + \lambda_{MD}) \tag{2.33}$$

$$\dot{\lambda}_{MD} = \frac{v_D \sin(\gamma_D - \lambda_{MD}) - v_M \sin(\gamma_M + \lambda_{MD})}{r_{MD}} \tag{2.34}$$

式中：$\dot{r}_{MT}, \dot{\lambda}_{MT}$ 分别是拦截器与目标之间的相对速度和视线角转率；$\dot{r}_{MD}, \dot{\lambda}_{MD}$ 分别是拦截器与防御器之间的相对速度和视线角转率。

假设飞行器的加速度 a 是垂直于速度方向的法向加速度，在整个制导过程中，目标、防御器和拦截器的速度保持不变。每个飞行器的法向加速度和飞行路径角可表示为

$$\dot{\gamma} = \frac{a}{v} \tag{2.35}$$

在整个交战过程中,假设飞行器的动力学特性可由任意阶线性方程表示为

$$\left.\begin{array}{l} \dot{\boldsymbol{x}}_j = \boldsymbol{A}_j \boldsymbol{x}_j + \boldsymbol{B}_j u_j \\ a_j = \boldsymbol{C}_j \boldsymbol{x}_j + d_j u_j \end{array}\right\}, j = \langle T, M, D\rangle \tag{2.36}$$

式中:$\boldsymbol{x}_j$ 是飞行器各自的状态向量;u_j 是相应的控制输入。当飞行器具备时间常数为 τ_j 的一阶线性动力学特性时,可给出式(2.36)中的参数,即,$A_j = -1/\tau_j$,$B_j = 1/\tau_j$,$C_j = 1$,$d_j = 0$。

注 1　当两飞行器的飞行过程能被近似为一个标称三角形时,则可将上述过程进行线性化处理。在图 2.3 描述的交战情形中,存在两个碰撞三角形,它们分别是目标与拦截器之间和拦截器与防御器之间的。

线性化处理后,可以选取状态向量为

$$\boldsymbol{x} = \begin{bmatrix} y_{MT} & \dot{y}_{MT} & x_M & x_T & y_{MD} & \dot{y}_{MD} & x_D \end{bmatrix}^{\mathrm{T}} \tag{2.37}$$

式中,y_{MT},y_{MD} 分别是目标与拦截器、拦截器与防御器之间的侧向位移。$\dot{y}_{MT}$,$\dot{y}_{MD}$ 分别是它们之间的侧向相对速度。

因此,可得到飞行器间相对运动的状态方程为

$$\dot{\boldsymbol{x}} = \begin{cases} \dot{x}_1 = x_2 \\ \dot{x}_2 = a_T - a_M \\ \dot{\boldsymbol{x}}_M = \boldsymbol{A}_M \boldsymbol{x}_M + \boldsymbol{B}_M u_M \\ \dot{\boldsymbol{x}}_T = \boldsymbol{A}_T \boldsymbol{x}_T + \boldsymbol{B}_T u_T \\ \dot{x}_5 = x_6 \\ \dot{x}_6 = a_M - a_D \\ \dot{\boldsymbol{x}}_D = \boldsymbol{A}_D \boldsymbol{x}_D + \boldsymbol{B}_D u_D \end{cases} \tag{2.38}$$

式(2.38)还可以表示成状态空间描述的形式,即

$$\dot{\boldsymbol{x}} = \boldsymbol{A}\boldsymbol{x}(t) + \boldsymbol{B}\begin{bmatrix} u_T & u_D \end{bmatrix}^{\mathrm{T}} + \boldsymbol{C}u_M + \boldsymbol{w}(t) \tag{2.39}$$

式中,$\boldsymbol{A} = \begin{bmatrix} \boldsymbol{A}_{MT} & 0 \\ \boldsymbol{A}_{21} & \boldsymbol{A}_{MD} \end{bmatrix}^{\mathrm{T}}$,$\boldsymbol{B} = \begin{bmatrix} \boldsymbol{B}_{MT} & \boldsymbol{0} \\ \boldsymbol{0} & \boldsymbol{B}_{MD} \end{bmatrix}^{\mathrm{T}}$,$\boldsymbol{C} = \begin{bmatrix} \boldsymbol{C}_{MT} \\ \boldsymbol{C}_{MD} \end{bmatrix}$,

$$\boldsymbol{A}_{MT} = \begin{bmatrix} 0 & 1 & 0 & 0 \\ 0 & 0 & -\boldsymbol{C}_M & \boldsymbol{C}_T \\ 0 & 0 & \boldsymbol{A}_M & 0 \\ 0 & 0 & 0 & \boldsymbol{A}_T \end{bmatrix}, \boldsymbol{B}_{MT} = \begin{bmatrix} 0 \\ d_T \\ 0 \\ \boldsymbol{B}_T \end{bmatrix}, \boldsymbol{C}_{MT} = \begin{bmatrix} 0 \\ -d_M \\ \boldsymbol{B}_M \\ 0 \end{bmatrix},$$

$$\boldsymbol{A}_{21} = \begin{bmatrix} 0 & 1 & 0 \\ 0 & 0 & -\boldsymbol{C}_D \\ 0 & 0 & \boldsymbol{A}_D \end{bmatrix}, \boldsymbol{A}_{MD} = \begin{bmatrix} 0 & 1 & 0 \\ 0 & 0 & -\boldsymbol{C}_D \\ 0 & 0 & \boldsymbol{A}_D \end{bmatrix}, \boldsymbol{B}_{MD} = \begin{bmatrix} 0 \\ -d_D \\ \boldsymbol{B}_D \end{bmatrix}, \boldsymbol{C}_{MD} = \begin{bmatrix} 0 \\ d_M \\ 0 \end{bmatrix}。$$

控制输入 u_j, $j = \{T, M, D\}$ 满足条件 $|u_j| \leqslant u_j^{\max}$，$w$ 是制导过程中的噪声。

2.3.2　多个防御器与拦截器对抗情形下的协同制导模型

在"三体"协同制导模型的基础上，本节考虑我方高价值飞行器面对敌方两枚导弹的拦截时发射两枚防御器以反拦截的双向协同制导情形。其协同制导拦截图可参照图 2.3。

根据注 1 所述碰撞三角形，对多飞行器制导情形线性化处理后，可以选取状态向量为

$$\boldsymbol{x} = \begin{bmatrix} \boldsymbol{x}_{M1T} & \boldsymbol{x}_{M2T} & \boldsymbol{x}_{M1D1} & \boldsymbol{x}_{M2D2} & \boldsymbol{x}_{M1} & \boldsymbol{x}_{M2} & \boldsymbol{x}_{D1} & \boldsymbol{x}_{D2} & \boldsymbol{x}_T \end{bmatrix}^{\mathrm{T}} \quad (2.40)$$

式中，$\boldsymbol{x}_{MiT} = \begin{bmatrix} y_{MiT} & \dot{y}_{MiT} \end{bmatrix}^{\mathrm{T}}$，$\boldsymbol{x}_{MiDi} = \begin{bmatrix} y_{MiDi} & \dot{y}_{MiDi} \end{bmatrix}^{\mathrm{T}}$，$i = \{1, 2\}$；$y_{MiT}$，$y_{MiDi}$ 是目标与拦截器、拦截器与防御器之间的侧向位移，$\dot{y}_{MiT}$，$\dot{y}_{MiDi}$ 是它们之间的侧向相对速度。

因此，可得到飞行器间相对运动的状态方程为

$$\dot{\boldsymbol{x}} = \begin{cases} \dot{x}_1 = x_2 \\ \dot{x}_2 = a_T - a_{M1} \\ \dot{x}_3 = x_4 \\ \dot{x}_4 = a_T - a_{M2} \\ \dot{x}_5 = x_6 \\ \dot{x}_6 = a_{M1} - a_{D1} \\ \dot{x}_7 = x_8 \\ \dot{x}_8 = a_{M2} - a_{D2} \\ \dot{\boldsymbol{x}}_{M1} = \boldsymbol{A}_{M1} \boldsymbol{x}_{M1} + \boldsymbol{B}_{M1} u_{M1} \\ \dot{\boldsymbol{x}}_{M2} = \boldsymbol{A}_{M2} \boldsymbol{x}_{M2} + \boldsymbol{B}_{M2} u_{M2} \\ \dot{\boldsymbol{x}}_{D1} = \boldsymbol{A}_{D1} \boldsymbol{x}_{D1} + \boldsymbol{B}_{D1} u_{D1} \\ \dot{\boldsymbol{x}}_{D2} = \boldsymbol{A}_{D2} \boldsymbol{x}_{D2} + \boldsymbol{B}_{D2} u_{D2} \\ \dot{\boldsymbol{x}}_T = \boldsymbol{A}_T \boldsymbol{x}_T + \boldsymbol{B}_T u_T \end{cases} \quad (2.41)$$

式（2.41）还可以表示成状态空间描述的形式，即

$$\dot{\boldsymbol{x}} = \boldsymbol{A} \boldsymbol{x}(t) + \boldsymbol{B} \begin{bmatrix} u_T & u_{D1} & u_{D2} \end{bmatrix}^{\mathrm{T}} + \boldsymbol{C} \begin{bmatrix} u_{M1} & u_{M2} \end{bmatrix}^{\mathrm{T}} + \boldsymbol{w}(t) \quad (2.42)$$

式中，$\boldsymbol{A}=\begin{bmatrix}\boldsymbol{A}_{11} & \boldsymbol{0} & \boldsymbol{A}_{13}\\ \boldsymbol{0} & \boldsymbol{A}_{22} & \boldsymbol{A}_{23}\\ \boldsymbol{0} & \boldsymbol{0} & \boldsymbol{A}_{33}\end{bmatrix}$，$\boldsymbol{B}=\begin{bmatrix}\boldsymbol{B}_{11} & \boldsymbol{0} & \boldsymbol{0}\\ \boldsymbol{0} & \boldsymbol{B}_{22} & \boldsymbol{B}_{23}\\ \boldsymbol{B}_{31} & \boldsymbol{B}_{32} & \boldsymbol{B}_{33}\end{bmatrix}$，$\boldsymbol{C}=\begin{bmatrix}\boldsymbol{C}_{11} & \boldsymbol{C}_{12}\\ \boldsymbol{C}_{21} & \boldsymbol{C}_{22}\\ \boldsymbol{C}_{31} & \boldsymbol{C}_{32}\end{bmatrix}$，

$$\boldsymbol{A}_{11}=\begin{bmatrix}0 & 1 & 0 & 0\\ 0 & 0 & 0 & 0\\ 0 & 0 & 0 & 1\\ 0 & 0 & 0 & 0\end{bmatrix},\boldsymbol{A}_{13}=\begin{bmatrix}0 & 0 & 0 & 0 & 0\\ -\boldsymbol{C}_{M1} & 0 & 0 & 0 & \boldsymbol{C}_T\\ 0 & 0 & 0 & 0 & 0\\ 0 & -\boldsymbol{C}_{M2} & 0 & 0 & \boldsymbol{C}_T\end{bmatrix},\boldsymbol{A}_{22}=\begin{bmatrix}0 & 1 & 0 & 0\\ 0 & 0 & 0 & 0\\ 0 & 0 & 0 & 1\\ 0 & 0 & 0 & 0\end{bmatrix},$$

$$\boldsymbol{A}_{23}=\begin{bmatrix}0 & 0 & 0 & 0 & 0\\ -\boldsymbol{C}_{M1} & 0 & \boldsymbol{C}_{D1} & 0 & 0\\ 0 & 0 & 0 & 0 & 0\\ 0 & -\boldsymbol{C}_{M2} & 0 & \boldsymbol{C}_{D2} & 0\end{bmatrix},\boldsymbol{A}_{33}=\begin{bmatrix}\boldsymbol{A}_{M1} & 0 & 0 & 0 & 0\\ 0 & \boldsymbol{A}_{M2} & 0 & 0 & 0\\ 0 & 0 & \boldsymbol{A}_{D1} & 0 & 0\\ 0 & 0 & 0 & \boldsymbol{A}_{D2} & 0\\ 0 & 0 & 0 & 0 & \boldsymbol{A}_T\end{bmatrix},$$

$$\boldsymbol{B}_{11}=\begin{bmatrix}0\\ d_T\\ 0\\ d_T\end{bmatrix},\boldsymbol{B}_{22}=\begin{bmatrix}0\\ d_{D1}\\ 0\\ 0\end{bmatrix},\boldsymbol{B}_{23}=\begin{bmatrix}0\\ 0\\ 0\\ d_{D2}\end{bmatrix},\boldsymbol{B}_{31}=\begin{bmatrix}0\\ 0\\ 0\\ 0\\ \boldsymbol{B}_T\end{bmatrix},\boldsymbol{B}_{32}=\begin{bmatrix}0\\ 0\\ B_{D1}\\ 0\\ 0\end{bmatrix},\boldsymbol{B}_{33}=\begin{bmatrix}0\\ 0\\ 0\\ \boldsymbol{B}_{D2}\\ 0\end{bmatrix},$$

$$\boldsymbol{C}_{11}=\begin{bmatrix}0\\ -d_{M1}\\ 0\\ 0\end{bmatrix},\boldsymbol{C}_{12}=\begin{bmatrix}0\\ 0\\ 0\\ -d_{M2}\end{bmatrix},\boldsymbol{C}_{21}=\begin{bmatrix}0\\ -d_{M1}\\ 0\\ 0\end{bmatrix},\boldsymbol{C}_{22}=\begin{bmatrix}0\\ 0\\ 0\\ -d_{M2}\end{bmatrix},\boldsymbol{C}_{31}=\begin{bmatrix}\boldsymbol{B}_{M1}\\ 0\\ 0\\ 0\end{bmatrix},$$

$$\boldsymbol{C}_{32}=\begin{bmatrix}0\\ \boldsymbol{B}_{M2}\\ 0\\ 0\end{bmatrix}。$$

假定目标与拦截器之间的初始距离为 r_{MiT_0}，相似地，拦截器与防御器间的初始距离为 r_{MiDi_0}。在标称三角形的假设下，飞行路径角和视线角的偏差极小。因此，导弹到目标的拦截时间和防御器到拦截器的拦截时间是固定的，可表示为

$$t_f^{MiT}=\frac{-r_{MiT_0}}{\dot{r}_{MiT_0}}=$$

$$\frac{r_{MiT_0}}{v_T\cos(\gamma_{T_0}-\lambda_{MiT_0})+v_{Mi}\cos(\gamma_{Mi_0}+\lambda_{MiT_0})},i=\{1,2\}\qquad(2.43)$$

$$t_f^{MiDi} = \frac{-r_{MiDi_0}}{\dot{r}_{MiDi_0}} =$$

$$\frac{r_{MiDi_0}}{v_{Di}\cos(\gamma_{Di_0} - \lambda_{MiDi_0}) + v_{Mi}\cos(\gamma_{Mi_0} + \lambda_{MiDi_0})}, i = \{1, 2\} \quad (2.44)$$

注2 定义 $\Delta t_i = t_{fMiT} - t_{fMiDi}$ 为拦截器到目标和目标到防御器之间的拦截时间偏差。为了完成作战任务,防御器应该尽可能快地拦截拦截器,所以时间偏差应当满足 $\Delta t_i > 0$。拦截器到目标的剩余时间 t_{go}^{MiT} 和防御器到拦截器的剩余时间 t_{go}^{MiDi} 可定义为 $t_{go}^{MiT} = t_f^{MiT} - t$,$t_{go}^{MiDi} = t_f^{MiDi} - t$。

假设目标和防御器都能使用传感器量测视线角信息 λ_{MiDi} 和 λ_{MiDi},此外,每个传感器受到相互独立的高斯白噪声 v_l,$l = \{M1T, M2T, M1D1, M2D2\}$ 的干扰。因此,我们可以假设每个智能体视线角量测噪声遵循以下分布:

$$v_l^\lambda \sim N(0, \sigma_{l,\lambda}^2), l = \{M1T, M2T, M1D1, M2D2\} \quad (2.45)$$

利用小角度近似,可得到侧向分离的线性化量测为

$$y_l = r_l \sin(\lambda_l + \sigma_{l,\lambda}) \quad (2.46)$$
$$\approx r_l \lambda_l + r_l \sigma_{l,\lambda}, l = \{M1T, M2T, M1D1, M2D2\}$$

因为目标-防御器组采取双向协同策略,所以线性化的量测噪声 $\sigma_{l,y}$ 和量测矩阵 $\boldsymbol{H}$ 可表示为

$$\sigma_{l,y} \triangleq r_l \sigma_{l,\lambda} \sim N(0, (r_l \sigma_{l,\lambda})^2) \quad (2.47)$$

$$\boldsymbol{H} = \begin{bmatrix} 1 & 0 & 0 & 0 & 0 & 0 & 0 & 0 & 0 & 0 & 0 & 0 & 0 & 0 \\ 0 & 0 & 1 & 0 & 0 & 0 & 0 & 0 & 0 & 0 & 0 & 0 & 0 & 0 \\ 0 & 0 & 0 & 0 & 1 & 0 & 0 & 0 & 0 & 0 & 0 & 0 & 0 & 0 \\ 0 & 0 & 0 & 0 & 0 & 0 & 1 & 0 & 0 & 0 & 0 & 0 & 0 & 0 \end{bmatrix} \quad (2.48)$$

量测方程可表示为

$$\boldsymbol{z} = \boldsymbol{H}\boldsymbol{x} + \boldsymbol{v}^y, \boldsymbol{v}^y \sim N(\boldsymbol{0}_{4\times1}, \boldsymbol{R}),$$
$$\boldsymbol{R} = \text{diag}\{\sigma_{M1T,y}, \sigma_{M2T,y}, \sigma_{M1D1,y}, \sigma_{M2D2,y}\} \quad (2.49)$$

假设目标不能与防御器协同,那么防御器不能得到来自于目标的量测信息,此时量测矩阵 $\boldsymbol{H}$ 和量测方程可表示为

$$\boldsymbol{H} = \begin{bmatrix} 0 & 0 & 0 & 0 & 1 & 0 & 0 & 0 & 0 & 0 & 0 & 0 & 0 & 0 \\ 0 & 0 & 0 & 0 & 0 & 0 & 1 & 0 & 0 & 0 & 0 & 0 & 0 & 0 \end{bmatrix} \quad (2.50)$$

$$\boldsymbol{z} = \boldsymbol{H}\boldsymbol{x} + \boldsymbol{v}^y, \boldsymbol{v}^y \sim N(\boldsymbol{0}_{2\times1}, \boldsymbol{R}),$$
$$\boldsymbol{R} = \text{diag}\{\sigma_{M1D1,y}, \sigma_{M2D2,y}\} \quad (2.51)$$

2.4　考虑双视线协同探测误差的协同制导模型的建立

为了得到更精确的目标信息和实现更好的拦截性能，有必要测量和估计除了视线角以外的信息，诸如目标加速度、接近速度、剩余时间和目标的相对距离等，除了视线角及其变化率之外，几乎所有这些因素都依赖于拦截器与目标之间的相对距离信息。使用多飞行器协同拦截机动目标时，飞行器在制导过程中的相对视线分离角会影响对目标的探测误差，所以在制导律设计时有必要考虑双视线协同探测误差模型对拦截性能的影响。

2.4.1　二对一协同制导模型

本节针对两拦截器协同探测目标运动信息的情形，建立了二对一协同制导模型。平面交战几何图如图 2.4 所示。

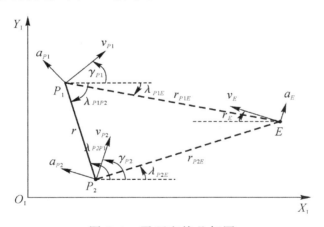

图 2.4　平面交战几何图

基本的动力学模型已在上一节中进行了介绍，在这里将不再进行赘述。

选取飞行器与目标的相对侧向位移 y_i、相对侧向速度 $\dfrac{\mathrm{d}y_i}{\mathrm{d}t}$、躲避者的加速度 a_E 和拦截器的加速度 a_{Pi} 为状态变量，即

$$\boldsymbol{x}_i = \begin{bmatrix} x_1 & x_2 & x_3 & x_4 \end{bmatrix}^{\mathrm{T}} = \begin{bmatrix} y_i & \dfrac{\mathrm{d}y_i}{\mathrm{d}t} & a_E & a_{Pi} \end{bmatrix}^{\mathrm{T}}, i = \{1,2\} \quad (2.52)$$

可建立飞行器间相对运动的状态方程为

$$\dot{x}_i = A_i x_i(t) + B_i u_{Pi}(t) + C a_E^c(t) + w(t), i = \{1,2\} \quad (2.53)$$

式中：

$$A_i = \begin{bmatrix} 0 & 1 & 0 & 0 \\ 0 & 0 & 1 & -1 \\ 0 & 0 & \dfrac{-1}{\tau_E} & 0 \\ 0 & 0 & 0 & \dfrac{-1}{\tau_{Pi}} \end{bmatrix}; B_i = \begin{bmatrix} 0 \\ 0 \\ 0 \\ \dfrac{1}{\tau_{Pi}} \end{bmatrix}; C = \begin{bmatrix} 0 \\ 0 \\ \dfrac{1}{\tau_E} \\ 0 \end{bmatrix}; u_{Pi} 为拦截器的控制输入，$$

且满足限制条件 $|u_{Pi}| \leqslant u_{Pi}^{\max}$；$a_E^c$ 为机动目标的指令加速度；w 为制导过程的噪声。

拦截器与机动目标的初始距离可表示为 r_{P1E_0} 和 r_{P2E_0}。在标称碰撞三角形的假设下，航向角 γ_i 和视线角 λ_{PiE} 之间的偏差很小。因此，拦截器对机动目标的拦截时间是恒定的，可表示为

$$t_{fPiE} = \frac{-r_{PiE_0}}{\dot{r}_{PiE_0}} =$$

$$\frac{r_{PiE_0}}{v_E \cos(\gamma_{E_0} - \lambda_{PiE_0}) + v_{Pi} \cos(\gamma_{Pi_0} + \lambda_{PiE_0})}, i = \{1,2\} \quad (2.54)$$

注 3 本节考虑两拦截器同时拦截机动目标的特殊情形，那么它们的拦截时间是相等的，即 $t_{fP1E} = t_{fP2E}$。因此，它们之间的初始距离也是相等的，即 $r_{P1E_0} = r_{P2E_0}$。

2.4.2 双视线协同探测误差模型

每个拦截器使用各自的传感器测量视线角 λ_{PiE}。此外，每个传感器受到高斯白噪声的 v_{Pi} 干扰，且它们之间是相互独立的。我们假设每个拦截器的视线角测量噪声服从分布

$$v_{Pi}^\lambda \sim N(0, \sigma_{Pi,\lambda}^2), i = \{1,2\} \quad (2.55)$$

从图 2.4 中可以看出，在交战过程中，两个拦截器相对于机动目标能够形成一条测量基线。假设拦截器能够精确地测量它的相对状态，且它们之间能够相互分享各自的测量信息，所以能够得到它们之间的相对位置信息 (r, λ_{PiPj})，$i, j = 1, 2$ 且 $i \neq j$。

因此，通过两拦截器已知的相对距离信息 r 和视线角信息 λ_{P1P2}，能够计算出两拦截器分别与机动目标间的相对距离

$$\tilde{r}_{PiE} = r\,\frac{\sin(\lambda_{P1P2} - \lambda_{PjE})}{\sin(\lambda_{PiE} - \lambda_{PjE})} \tag{2.56}$$

式中,

$$r = \sqrt{(x_{P1} - x_{P2})^2 + (y_{P1} - y_{P2})^2} \tag{2.57}$$

$$\lambda_{P1P2} = \arctan2(y_{P2} - y_{P1}, x_{P2} - x_{P1}) \tag{2.58}$$

在满足标称碰撞三角形的线性化假设下,垂直于初始视线角的侧向位移 y_i 能被表示为

$$y_i \approx (\lambda_{PiE} - \lambda_{PiE_0})r_{PiE} \tag{2.59}$$

$$r_{PiE} \approx v_{PiE}t_{go} \tag{2.60}$$

式中, t_{go} 为拦截剩余时间。

$$t_{go} \triangleq \begin{cases} t_{fPiE} - t, & t \leqslant t_{fPiE} \\ 0, & t > t_{fPiE} \end{cases} \tag{2.61}$$

结合式(2.57),可以得到拦截器的测量方程

$$z_i = \boldsymbol{H}\boldsymbol{x}_i + v_{Pi}^y = y_i + v_{Pi}^y \tag{2.62}$$

式中, $\boldsymbol{H} = \begin{bmatrix} 1 & 0 & 0 & 0 \end{bmatrix}$

$$v_{Pi}^y \sim N(0, \sigma_{Pi,y}^2) \tag{2.63}$$

$$\sigma_{Pi,y} = \frac{r\lambda_{PiE}\sqrt{\sin^2(\lambda_{P1P2} - \lambda_{PiE})\sigma_{Pj,\lambda}^2 + \sin^2(\lambda_{P1P2} - \lambda_{PjE})\cos^2(\lambda_{PiE} - \lambda_{PjE})\sigma_{Pi,\lambda}^2}}{\sin^2(\lambda_{PiE} - \lambda_{PjE})} \tag{2.64}$$

注 4 从式(2.64)中可知,当两拦截器之间的视线分离角 $|\lambda_{PiE} - \lambda_{PjE}|$ 减小时,侧向位移 y_i 的量测方差将增加,导致状态估计精度降低。因此,在设计制导律时,有必要控制两拦截器相对于目标的视线分离角。

因为两拦截器协同拦截机动目标的动力学与运动学模型基本相似,所以考虑诱饵干扰情况下的协同制导模型的建立可参考 2.4 节中考虑探测构型的协同制导模型。

2.5 仅靠视线信息协同下的协同制导模型的建立

在拦截器对机动目标拦截过程中,由于探测环境的复杂、自身仪器故障或者敌方目标释放干扰等,往往会造成拦截器对目标的探测信息不可得,从而导致对目标的拦截失败。因此,有必要利用能捕获目标运动信息的一个或多个探测器从其

他方位为拦截器提供探测信息,辅助并导引目标与机动目标相撞。在实际的战场环境中,探测器通常采用红外测量设备,只能获得与目标的视线相关信息,因此,在后续的建模与控制器设计过程中,仅考虑视线及其相关量对它们的影响。

2.5.1　探测器导引下的协同制导模型

本节针对无法获取探测信息的拦截器拦截机动目标的情形,建立了通过探测器导引下的机动目标拦截协同制导模型。其平面交战几何图如图 2.5 所示。

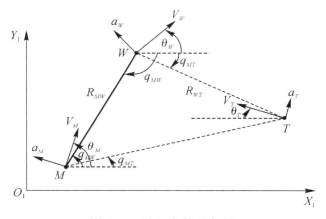

图 2.5　平面交战几何图

针对图 2.5 所示的二维交战情形,我们给出了以下四个假设条件:

1)假设装备有红外导引头的探测器只有获取视线角相关信息的能力,不具备对机动目标的制导能力。

2)假设拦截器不具备探测能力,无法获取相对于机动目标的运动信息。

3)假设拦截器与探测器能够共享运动信息,且它们彼此知道各自的飞行相关参数。

4)假设探测器与机动目标的相对距离总是保持减小,即它们之间的接近速度是严格负的。

考虑图 2.5 所示的交战情形,在上述假设约束下的拦截器需要在探测器的导引下拦截机动目标。在这种情形下,探测器与拦截器能够互相分享它们得到的相对运动信息。

探测器的速度 V_W 与拦截器的速度 V_M 在整个过程中都是恒定的常数,同时机动目标的速度 V_T 也为常数,且满足速度比关系为 $\upsilon_1 = V_T/V_W \ll 1$ 和 $\upsilon_2 = V_T/V_M \ll 1$。飞行器的法向加速度、视线角、相对距离和航向角分别表示为 a、q、R 和 θ。

在非线性运动学下的探测器与机动目标的相对运动可表示为

$$\left. \begin{aligned} \dot{R}_{WT} &= V_T \cos\varphi_T^{WT} - V_W \cos\varphi_W^{WT} \\ \dot{q}_{WT} &= \frac{V_W \sin\varphi_W^{WT} - V_T \sin\varphi_T^{WT}}{R_{WT}} \\ \dot{\theta}_W &= a_W / V_W \\ \dot{\theta}_T &= a_T / V_T \end{aligned} \right\} \tag{2.65}$$

式中：$\varphi_W^{WT} = q_{WT} - \theta_W$ 为探测器的飞行路径角；$\varphi_T^{WT} = q_{WT} - \theta_T$ 为机动目标的飞行路径角。

对式（2.65）的第一式和第二式求时间的导数可得

$$\left. \begin{aligned} \ddot{R}_{WT} &= R_{WT}\dot{q}_{WT}^2 - a_W \sin\varphi_W^{WT} + a_T \sin\varphi_T^{WT} \\ \ddot{q}_{WT} &= -\frac{2\dot{R}_{WT}}{R_{WT}}\dot{q}_{WT} - \frac{a_W \cos\varphi_W^{WT}}{R_{WT}} + \frac{a_T \cos\varphi_T^{WT}}{R_{WT}} \end{aligned} \right\} \tag{2.66}$$

在终端制导过程中，探测器和目标之间相对速度在视线方向上的分量远小于 0，且它们之间相对加速度在视线方向上的分量也很小。因此，当只关注它们之间的脱靶量这一指标时，则可以忽略探测器和目标的加速度在视线方向上的影响。因此，式（2.66）可以简化为

$$\left. \begin{aligned} \ddot{R}_{WT} &= R_{WT}\dot{q}_{WT}^2 \\ \ddot{q}_{WT} &= -\frac{2\dot{R}_{WT}}{R_{WT}}\dot{q}_{WT} - \frac{a_W \cos\varphi_W^{WT}}{R_{WT}} + \frac{a_T \cos\varphi_T^{WT}}{R_{WT}} \end{aligned} \right\} \tag{2.67}$$

选取状态变量为 $x_1 = q_{WT}$，$x_2 = \dot{q}_{WT}$，则探测器与目标之间的相对运动学模型可以表示为

$$\left. \begin{aligned} \dot{x}_1 &= x_2 \\ \dot{x}_2 &= -\frac{2\dot{R}_{WT}}{R_{WT}}x_1 - \frac{a_W \cos\varphi_W^{WT}}{R_{WT}} + \frac{a_T \cos\varphi_T^{WT}}{R_{WT}} \end{aligned} \right\} \tag{2.68}$$

注 5　导弹的目的是在无法从目标获得相对运动信息的情况下拦截目标，因此需要利用探测器观察到的目标信息来引导导弹拦截目标。

基于注 5 所述的原因，建立探测器与拦截器之间的相对运动模型：

$$\left. \begin{aligned} \dot{x}_1 &= x_2 \\ \dot{x}_2 &= -\frac{2\dot{R}_{MW}}{R_{MW}}x_1 - \frac{a_M \cos\varphi_M^{MW}}{R_{MW}} + \frac{a_{M_1} \cos\varphi_W^{MW}}{R_{MW}} \end{aligned} \right\} \tag{2.69}$$

式中，$x_1 = q_{MW}$，$x_2 = \dot{q}_{MW}$，$\varphi_M^{MW} = q_{MW} - \theta_M$，$\varphi_W^{MW} = q_{MW} - \theta_W$。

式(2.69)所示的形式一般可以表示为严格反馈非线性系统：

$$
\left.\begin{array}{l}
\dot{x}_i = f_i(\bar{x}_i) + g_i(\bar{x}_i)x_{i+1}, i = 1,2,\cdots,n-1 \\
\dot{x}_n = f_n(\bar{x}_n) + g_n(\bar{x}_n)u \\
y = x_1
\end{array}\right\}
\tag{2.70}
$$

由式(2.69)可知,式(2.70)中的非线性项为 $f_1=0, g_1=1, f_2=-\dfrac{2\dot{R}_{MW}}{R_{MW}}\dot{x}_1+\dfrac{a_W\cos\varphi_W^{MW}}{R_{MW}}, g_2=-\dfrac{\cos\varphi_M^{MW}}{R_{MW}}$。

引理 1[63]：令 $V(t)$ 为一个连续函数,且满足 $V(t)>0, \forall t>0$。当不等式

$$
\dot{V}(t) \leqslant -cV(t) + \Delta
\tag{2.71}
$$

成立时(式中, c 和 Δ 为正常数),可以得到不等式

$$
V(t) \leqslant V(0)e^{-ct} + \frac{\Delta}{c}(1 - e^{-ct})
\tag{2.72}
$$

2.5.2 探测器纯视线量测模型

在实际的交战情形中,红外探测器仅可获取探测器与目标之间的视线角 q_{WT} 及视线角速率 $\dot{q}_{WT}$ 信息。此外,在视线角量测过程中,所得到的量测信息包含零均值高斯白噪声 v, $v = \begin{bmatrix} v_{q_{MT}} & v_{\dot{q}_{MT}} \end{bmatrix}^T$,其在整个制导过程中是相互独立的。探测器得到的视线角及视线角速率假设服从分布

$$
v_i \sim N(0, \sigma_i^2), i = \{q_{WT}, \dot{q}_{WT}\}
\tag{2.73}
$$

图 2.5 中的拦截器不能得到相对于机动目标的量测信息,然而探测器与拦截器可以实时通信,那么,它们之间的相对运动状态就能够实时确定。拦截器能够通过控制器来实时调整相对于探测器的状态,以实现对机动目标拦截的目的。

因此,可以建立探测器相对于目标的量测方程为

$$
z(x) = H(x) + v
\tag{2.74}
$$

式中：$H(x) = \begin{bmatrix} q_{WT} \\ \dot{q}_{WT} \end{bmatrix}$；$v = \begin{bmatrix} v_{q_{WT}} \\ v_{\dot{q}_{WT}} \end{bmatrix}$。

2.6　本 章 小 结

本章着重介绍了飞行器间相对运动的相关基础知识和基本原理,针对不同的交战情形建立了相关的数学模型:2.2 节中探讨了坐标系之间的相互转换关系、几种跟踪机动目标的不同模型及弹目相对运动模型,为之后对目标的探测提供方法指导;2.3 节考虑了目标作为引诱角色协同防御器反拦截对方拦截器的三体制导问题,建立了多体协同制导模型;2.4 节考虑了双视线协同测距方式对拦截机动目标的影响,建立了考虑相对视线分离角的协同制导模型,该模型同时能为诱饵干扰情形下协同制导问题的研究提供基础;2.5 节针对无法获取探测信息的拦截器拦截机动目标的情形,建立了通过纯视线量测的探测器导引下的机动目标拦截协同制导模型。以上模型可为后续章节协同制导律的设计和探测估计方法的运用奠定模型基础。

第3章 带有引诱角色的协同探测制导方法

3.1 引　　言

在本节中,我们对 2.3 节中提出的交战问题进行更详细地描述,其中目标-防御器组使用双向协同策略拦截拦截器。相比于只考虑防御器间相互协同的单向协同策略,双向协同策略可以使目标与防御器充分合作,即一方面,目标可以作为诱饵对拦截器执行诱饵机动,使防御器更准确有效地拦截导弹;另一方面,防御器可以获得目标的机动序列,以预测拦截器对目标的拦截点并向其制导。设计制导律时考虑的主要问题是将目标与两防御器的控制输入设计到同一个性能指标中,该性能指标可在目标-防御器组拦截拦截器的过程中最小化其能量消耗[62]。

3.2 多模型自适应估计理论

作为一种静态多模型估计器,MMAE 被设计用来估计动态模型和识别不确定性参数。MMAE 首先由 Magill[13] 提出,后被广泛应用到各领域中[18]。它主要使用具有不同参数的有限集模型匹配并行滤波器和用于计算库中每个滤波器的加权总和估计值的融合准则。通过对不同的参数值建模,MMAE 构造了相应的元素滤波器(Elemental Filters,EF),以实现对系统未知参数的估计。每个滤波器的权重代表基于测量值的相应模型正确的概率。

3.2.1　MMAE 算法

本书的 MMAE 算法主要用于识别拦截器向目标制导时可能采取的制导律,其中包括 PN 制导律、修正比例导引(Augmented Proportional Navigation,APN)制导律和最优制导律(Optimal Guidance Law,OGL)。设 $\Theta = \{\theta_j\}_{j=1}^{N}$ 代表与 N 个不同制导参数假设值相对应的离散参数空间,需要构建 N 个对应于不同制导参数值 θ_j 的滤波器。假设当前时间为 t_k,则卡尔曼滤波的新息可表示为

$$v_k^j = z_k - H\hat{x}_{k\,|\,k-1}^j, j=1,2,\cdots,N \tag{3.1}$$

式中,z_k、H 和 $\hat{x}_{k\,|\,k-1}^j$ 分别代表量测
向量、量测矩阵和第 j 个滤波器的先验状态估计。

根据当前的滤波新息,第 j 个假设值的后验概率可表示为

$$\mu_k^j = f(v_k^j)p_{j,k-1} \Big/ \sum_{i=1}^{N} f(v_k^i)\mu_{k-1}^i \tag{3.2}$$

式中,$f(v_k^j)$ 代表新息的概率密度函数(Probability Density Function,PDF),基于高斯假设,可将其写为

$$f(v_k^j) = \exp\left[-\frac{1}{2}(v_k^j)^{\mathrm{T}}(S_k^j)^{-1}v_k^j\right]\Big/(2\pi)^{m/2}\,|\,S_k^j\,|^{1/2} \tag{3.3}$$

式中,S_k^j 是新息方差矩阵,可将其写为

$$S_k^j = H_j P_{k\,|\,k-1}^j H_j^{\mathrm{T}} + R_k \tag{3.4}$$

式中,$P_{k\,|\,k-1}^j$ 和 R_k 分别是在 t_k 时刻先验估计误差的方差阵和量测噪声方差阵,m 是量测数。基于当前时刻的后验概率,可估计系统的状态并依据最小均方误差(Minimum Mean Square Error,MMSE)准则和最大后验(Maximum A Posteriori,MAP)准则对其融合。MMSE 准则要求最终的估计结果采用所有 EF 相关状态的后验概率估计的加权平均值,MAP 准则要求最终的估计结果采用后验概率最大的 EF 的相关状态估计。本节主要采用 MMSE 准则,因此可给出最终状态估计的融合形式:

$$\hat{x}_{k\,|\,k} = \sum_{j=1}^{N} \mu_k^j \hat{x}_{k\,|\,k}^j \tag{3.5}$$

状态误差方差阵可表示为

$$P_{k,k} = \sum_{j=1}^{N} p_{j,k}\left[P_{k\,|\,k}^j + (\hat{x}_{k\,|\,k}^j - \hat{x}_{k\,|\,k})(\hat{x}_{k\,|\,k}^j - \hat{x}_{k\,|\,k})^{\mathrm{T}}\right] \tag{3.6}$$

3.2.2 预测和量测更新

步骤一:初始化模型集 $\Theta = \{\theta_j\}_{j=1}^{N}$,基状态 $\{x_{0|0}^{j}, P_{0|0}^{j}\}_{j=1}^{N}$ 和模概率 $\{\mu_0^{j}\}_{j=1}^{N}$。

1)模型集:$\theta_j = \alpha_j, j = 1, \cdots, N; \alpha_j$ 代表不同的制导律和参数。

2)基状态:$x_{0|0}^{j} = x_{0|0}, P_{0|0}^{j} = P_{0|0}, j = 1, \cdots, N$。

3)模概率:$\mu_0^{i} = p(m_i \mid z^0), i = 1, \cdots, N$,分配初始概率给不同的模型。

步骤二:基于模型集($\forall \theta_j \in \Theta$)滤波。

1)一步状态预测

$$\hat{x}_{k|k-1}^{j} = \boldsymbol{\Phi}_{k|k-1} \hat{x}_{k-1|k-1}^{j} + \boldsymbol{\Gamma}_{k-1} u_{k-1} \tag{3.7}$$

2)估计误差方差阵一步预测

$$\boldsymbol{P}_{k|k-1}^{j} = \boldsymbol{\Phi}_{k|k-1} \boldsymbol{P}_{k-1|k-1}^{j} \boldsymbol{\Phi}_{k|k-1}^{\mathrm{T}} + \boldsymbol{Q}_{k-1} \tag{3.8}$$

3)计算量测残差和它的方差阵

$$\hat{z}_{k|k-1}^{j} = \boldsymbol{H} \hat{x}_{k|k-1}^{j} \tag{3.9}$$

$$\boldsymbol{S}_{k}^{j} = \boldsymbol{H} \boldsymbol{P}_{k|k-1}^{j} \boldsymbol{H}^{\mathrm{T}} + \boldsymbol{R}_{k} \tag{3.10}$$

4)计算增益,更新状态均值和方差矩阵

$$\boldsymbol{W}_{k}^{j} = \boldsymbol{P}_{k|k-1}^{j} \boldsymbol{H}^{\mathrm{T}} (\boldsymbol{S}_{k}^{j})^{-1} \tag{3.11}$$

$$\hat{x}_{k|k}^{j} = \hat{x}_{k|k-1}^{j} + \boldsymbol{W}_{k}^{j} (z_k - \hat{z}_{k|k-1}^{j}) \tag{3.12}$$

$$\boldsymbol{P}_{k|k}^{j} = \boldsymbol{P}_{k|k-1}^{j} - \boldsymbol{W}_{k}^{j} \boldsymbol{S}_{k}^{j} (\boldsymbol{W}_{k}^{j})^{\mathrm{T}} \tag{3.13}$$

步骤三:更新模概率($\forall m_j \in M$),即

$$\mu_k^{j} = \frac{\mu_{k-1}^{j} f(v_k^{j})}{C_k} \tag{3.14}$$

式中,$f(v_k^{i})$ 是模型 θ_j 的似然函数,可写为

$$f(v_k^{j}) \triangleq p(z_k \mid \theta_k^{j}, z^{k-1}) = N(v_k^{j}; 0, \boldsymbol{S}_k^{j}) \tag{3.15}$$

C_k 是归一化后的常数,满足

$$C_k = \sum_{i=1}^{N} \mu_{k-1}^{i} f(v_k^{i}) \tag{3.16}$$

步骤四:输出总的状态均值和方差矩阵,即

$$\hat{x}_{k|k} = \sum_{j=1}^{L_s} \mu_k^{j} \hat{x}_{k|k}^{j} \tag{3.17}$$

$$\boldsymbol{P}_{k|k} = \sum_{j=1}^{L_s} \mu_k^{j} \left[\boldsymbol{P}_{k|k}^{j} + (\hat{x}_{k|k} - \hat{x}_{k|k}^{j})(\hat{x}_{k|k} - \hat{x}_{k|k}^{j})^{\mathrm{T}} \right] \tag{3.18}$$

3.3　带有引诱角色的多模型自适应协同探测制导方法

3.3.1　MMAE 中的制导律模式集

在终端制导领域中拦截固定和机动目标有几种较为常用的制导律,它们分别是 PN 制导律、APN 制导律和 OGL 制导律。在完美信息和线性运动学的假设下[64],可将这些制导律写成如下形式:

$$u_{Mi} = N_j^i \frac{Z_j^i}{(t_{go}^{MiT})^2}, \quad j = \{\text{PN},\text{APN},\text{OGL}\} \tag{3.19}$$

式中:N_j^i 是导弹的导航增益值,它一般在 3～5 之间变化;Z_j^i 是零效脱靶量,它表示在目标遵循假定的机动模型且拦截器从当前时间到交战结束时没有执行任何进一步加速度命令的情况下的错失距离。

PN 制导律、APN 制导律和 OGL 制导律的导航增益 N_j^i 和零效脱靶量 Z_j^i 可表示为

$$N_{\text{PN}}^i = 3{:}5, Z_{\text{PN}}^i = y_{MiT} + \dot{y}_{MiT} t_{go}^{MiT} \tag{3.20}$$

$$N_{\text{APN}}^i = 3{:}5, Z_{\text{APN}}^i = Z_{\text{APN}}^i + a_T (t_{go}^{MiT})^2 / 2 \tag{3.21}$$

$$Z_{\text{OGL}}^i = Z_{\text{APN}}^i - a_{Mi} \tau_{Mi}^2 \psi(t_{go}^{MiT} / \tau_{Mi}) \tag{3.22}$$

式中,τ_{Mi} 是拦截器的动力学时间常数,且 $\psi(\xi) = \exp(-\xi) + \xi - 1$。

$$N_{\text{OGL}}^i = \frac{6\theta_{MiT}^2 \psi(\theta_{MiT})}{3 + 6\theta_{MiT} - 6\theta_{MiT}^2 + 2\theta_{MiT}^3 - 3\mathrm{e}^{-2\theta_{MiT}} - 12\theta_{MiT}\mathrm{e}^{-\theta_{MiT}} + 6a_i / \tau_{Mi}^3}$$

$$\tag{3.23}$$

式中,$\theta_{MiT} = t_{go}^{MiT} / \tau_{Mi}$ 是归一化的剩余时间,a_i 表示消耗函数中脱靶量和控制输入的权重比,消耗函数可表示为

$$J_{Mi} = \frac{\alpha_i}{2}(\text{miss})^2 + \frac{1}{2}\int_0^{t_f^{MiDi}} u_{Mi}^2 \mathrm{d}t, a \triangleq 1/\alpha_i \tag{3.24}$$

上述制导律可表达为状态变量和控制输入的线性函数:

$$u_{Mi} = \boldsymbol{K}^{Mi}(t_{go}^{MiT}) \boldsymbol{x}_{t_{go}}^{MiT} + K_{u_T}^{Mi}(t_{go}^{MiT}) u_T \tag{3.25}$$

式中,$\boldsymbol{K}^{Mi}(t_{go}^{MiT}) = \begin{bmatrix} K_1^{Mi} & K_2^{Mi} & K_M^{Mi} & K_T^{Mi} \end{bmatrix}, \boldsymbol{x}_{t_{go}}^{MiT} = \begin{bmatrix} x_{MiT} & x_{Mi} & x_T \end{bmatrix}^{\mathrm{T}}$。

将式(3.25)代入到式(2.42)中,可得

$$\dot{\boldsymbol{x}} = \boldsymbol{A}^{MT}(t_{go} + \Delta t)\boldsymbol{x} + \boldsymbol{B}_T^{MT}(t_{go} + \Delta t)u_T + \boldsymbol{B}_{D1}^{MT}u_{D1} + \boldsymbol{B}_{D2}^{MT}u_{D2} \quad (3.26)$$

式中，

$$\boldsymbol{A}^{MT}(t_{go} + \Delta t) = \begin{bmatrix} \boldsymbol{A}_{11}^{MT}(t_{go} + \Delta t) & \boldsymbol{0} & \boldsymbol{A}_{13}^{MT}(t_{go} + \Delta t) \\ \boldsymbol{A}_{21}^{MT}(t_{go} + \Delta t) & \boldsymbol{A}_{22} & \boldsymbol{A}_{23}^{MT}(t_{go} + \Delta t) \\ \boldsymbol{A}_{31}^{MT}(t_{go} + \Delta t) & \boldsymbol{0} & \boldsymbol{A}_{33}^{MT}(t_{go} + \Delta t) \end{bmatrix},$$

$$\boldsymbol{A}_{11}^{MT}(t_{go} + \Delta t) =$$
$$\begin{bmatrix} 0 & 1 & 0 & 0 \\ -d_{M1}K_1^{M1} & -d_{M1}K_2^{M1} & 0 & 0 \\ 0 & 0 & 0 & 1 \\ 0 & 0 & -d_{M2}K_1^{M2} & -d_{M2}K_2^{M2} \end{bmatrix},$$

$$\boldsymbol{A}_{13}^{MT}(t_{go} + \Delta t) =$$
$$\begin{bmatrix} 0 & 0 & 0 & 0 & 0 \\ -(C_{M1} + d_{M1}K_M^{M1}) & 0 & 0 & 0 & C_T - d_{M1}K_T^{M1} \\ 0 & 0 & 0 & 0 & 0 \\ 0 & -(C_{M2} + d_{M2}K_M^{M2}) & 0 & 0 & C_T - d_{M2}K_T^{M2} \end{bmatrix},$$

$$\boldsymbol{A}_{21}^{MT}(t_{go} + \Delta t) = \begin{bmatrix} 0 & 0 & 0 & 0 \\ -d_{M1}K_1^{M1} & -d_{M1}K_2^{M1} & 0 & 0 \\ 0 & 0 & 0 & 0 \\ 0 & 0 & -d_{M2}K_1^{M2} & -d_{M2}K_2^{M2} \end{bmatrix},$$

$$\boldsymbol{A}_{23}^{MT}(t_{go} + \Delta t) =$$
$$\begin{bmatrix} 0 & 0 & 0 & 0 & 0 \\ -(C_{M1} + d_{M1}K_M^{M1}) & 0 & C_{D1} & 0 & -d_{M1}K_T^{M1} \\ 0 & 0 & 0 & 0 & 0 \\ 0 & -(C_{M2} + d_{M2}K_M^{M2}) & 0 & C_{D2} & -d_{M2}K_T^{M2} \end{bmatrix},$$

$$\boldsymbol{A}_{31}^{MT}(t_{go} + \Delta t) =$$
$$\begin{bmatrix} B_{M1}K_1^{M1} & B_{M1}K_2^{M1} & 0 & 0 \\ 0 & 0 & B_{M2}K_1^{M2} & B_{M2}K_2^{M2} \\ 0 & 0 & 0 & 0 \\ 0 & 0 & 0 & 0 \\ 0 & 0 & 0 & 0 \end{bmatrix},$$

$$\boldsymbol{A}_{33}^{MT}(t_{\mathrm{go}}+\Delta t)=$$

$$\begin{bmatrix} A_{M1}+B_{M1}K_M^{M1} & 0 & 0 & 0 & B_{M1}K_T^{M1} \\ 0 & A_{M2}+B_{M2}K_M^{M2} & 0 & 0 & B_{M2}K_T^{M2} \\ 0 & 0 & A_{D1} & 0 & 0 \\ 0 & 0 & 0 & A_{D2} & 0 \\ 0 & 0 & 0 & 0 & A_T \end{bmatrix},$$

$$\boldsymbol{B}_T^{MT}(t_{\mathrm{go}}+\Delta t)=\begin{bmatrix} \boldsymbol{B}_{11}+\boldsymbol{C}_{11}K_{u_T}^{M1}+\boldsymbol{C}_{12}K_{u_T}^{M2} \\ \boldsymbol{C}_{21}K_{u_T}^{M1}+\boldsymbol{C}_{22}K_{u_T}^{M2} \\ \boldsymbol{B}_{31}+\boldsymbol{C}_{31}K_{u_T}^{M1}+\boldsymbol{C}_{32}K_{u_T}^{M2} \end{bmatrix}, \boldsymbol{B}_{D1}^{MT}=\begin{bmatrix} \boldsymbol{0} \\ \boldsymbol{B}_{22} \\ \boldsymbol{B}_{32} \end{bmatrix}, \boldsymbol{B}_{D2}^{MT}=\begin{bmatrix} \boldsymbol{0} \\ \boldsymbol{B}_{23} \\ \boldsymbol{B}_{33} \end{bmatrix}。$$

3.3.2　双向协同策略下性能指标的提出

为了使防御器在拦截器到达目标之前拦截拦截器,性能指标中必须要考虑防御器和导弹之间的脱靶量[64]。此外,目标-防御器组的控制代价应当处于一个合理的范围,因此,双向协同最优控制问题的性能指标可表示为

$$J=\sum_i^S \frac{\alpha_i}{2}y_{MiDi}^2(t_f^{MiDi})+\sum_i^S \frac{\beta_i}{2}\int_0^{t_f^{MiDi}} u_{Di}^2\mathrm{d}t+\frac{\eta}{2}\int_0^{\max(t_f^{MiDi})} u_T^2\mathrm{d}t \qquad (3.27)$$

式中,$S=2$;α_i,β_i 和 η 为权重系数。

防御器拦截任务是否完成取决于拦截时间最长的那个,因此,式(3.27)可写成

$$J=\sum_i^S \frac{\alpha_i}{2}y_{MiDi}^2(t_f^{MD})+\sum_i^S \frac{\beta_i}{2}\int_0^{t_f^{MD}} u_{Di}^2\mathrm{d}t+\frac{\eta}{2}\int_0^{t_f^{MD}} u_T^2\mathrm{d}t \qquad (3.28)$$

式中,$t_f^{MD}=\max(t_f^{MiDi})$。

注 6　相较于权重 β_i 和 η,对应于脱靶量的权重系数 $\alpha_i \to \infty$,可得到最小化防御器和拦截器之间脱靶量的完美制导律;相似地,对应于防御器控制代价的权重系数 $\beta_i \to \infty$,可得到防御器不发生机动的制导律;此外,对应于目标控制代价的权重系数 $\eta \to \infty$,可得到目标不发生机动的制导律[55]。

3.3.3　最优化问题降阶及其控制器设计方法

在本节中,为了降低求解优化问题的阶数且得到控制输入的解析解,引入终端投影法[65]对性能指标进行处理。根据终端投影法,引入新的状态变量 $Z(t)$,其定义为

$$Z(t) = D\boldsymbol{\Phi}(t_f^{MD}, t)\boldsymbol{x}(t) \tag{3.29}$$

式中，$\boldsymbol{\Phi}(t_f^{MD}, t)$ 是与式（2.42）相关的状态转移矩阵，D 是用来分离状态变量 $\boldsymbol{x}(t)$ 中元素的常数向量。

当 $\boldsymbol{D} = \boldsymbol{D}_1 = \begin{bmatrix} 0 & 0 & 0 & 0 & 1 & 0 & 0 & 0 & 0 & 0 & 0 & 0 & 0 \end{bmatrix}$ 时，可以从状态变量 $\boldsymbol{x}$ 中分离防御器 1 和拦截器 1 的侧向位移 y_{M1D1}。

相似地，当 $\boldsymbol{D} = \boldsymbol{D}_2 = \begin{bmatrix} 0 & 0 & 0 & 0 & 0 & 0 & 1 & 0 & 0 & 0 & 0 & 0 & 0 \end{bmatrix}$ 时，可以从状态变量 $\boldsymbol{x}$ 中分离防御器 2 和拦截器 2 的侧向位移 y_{M2D2}。

注 7 对于具有动力学矩阵 $\boldsymbol{A}$ 的线性系统，其相关状态转移矩阵 $\boldsymbol{\Phi}(t_f^{MD}, t)$ 的基本属性有

$$\dot{\boldsymbol{\Phi}}(t_f^{MD}, t) = -\boldsymbol{\Phi}(t_f^{MD}, t)\boldsymbol{A}, \boldsymbol{\Phi}(t_f^{MD}, t_f^{MD}) = \boldsymbol{I} \tag{3.30}$$

将 $\boldsymbol{D}_1$ 和 $\boldsymbol{D}_2$ 代入到式（3.29）中可得

$$Z_{M1D1}(t) = \boldsymbol{D}_1\boldsymbol{\Phi}(t_f^{MD}, t)\boldsymbol{x}(t) \tag{3.31}$$

$$Z_{M2D2}(t) = \boldsymbol{D}_2\boldsymbol{\Phi}(t_f^{MD}, t)\boldsymbol{x}(t) \tag{3.32}$$

此外，式（3.31）和式（3.32）还可写为

$$Z_{M1D1}(t) = \begin{bmatrix} \varphi_{51} & \varphi_{52} & \varphi_{53} & \varphi_{54} & \varphi_{55} & \varphi_{56} & \varphi_{57} & \varphi_{58} & \varphi_{5M1} & \varphi_{5M2} \\ \varphi_{5D1} & \varphi_{5D2} & \varphi_{5T} \end{bmatrix}\boldsymbol{x}(t) \tag{3.33}$$

$$Z_{M2D2}(t) = \begin{bmatrix} \varphi_{71} & \varphi_{72} & \varphi_{73} & \varphi_{74} & \varphi_{75} & \varphi_{76} & \varphi_{77} & \varphi_{78} & \varphi_{7M1} & \varphi_{7M2} & \varphi_{7D1} \\ \varphi_{7D2} & \varphi_{7T} \end{bmatrix}\boldsymbol{x}(t) \tag{3.34}$$

结合式（3.30）和新的状态变量 $Z_{MiDi}(t)$ 对时间的导数，可以得到

$$\dot{Z}_{M1D1}(t) = \boldsymbol{D}_1\dot{\boldsymbol{\Phi}}(t_f^{MD}, t)\boldsymbol{x}(t) + \boldsymbol{D}_1\boldsymbol{\Phi}(t_f^{MD}, t)\dot{\boldsymbol{x}}(t) = \\ \boldsymbol{D}_1\boldsymbol{\Phi}(t_f^{MD}, t)\boldsymbol{B}u(t) = \tilde{B}_T^1 u_T + \tilde{B}_{D1}^1 u_{D1} + \tilde{B}_{D2}^1 u_{D2} \tag{3.35}$$

$$\dot{Z}_{M2D2}(t) = \boldsymbol{D}_2\dot{\boldsymbol{\Phi}}(t_f^{MD}, t)\boldsymbol{x}(t) + \boldsymbol{D}_2\boldsymbol{\Phi}(t_f^{MD}, t)\dot{\boldsymbol{x}}(t) = \\ \boldsymbol{D}_2\boldsymbol{\Phi}(t_f^{MD}, t)\boldsymbol{B}u(t) = \tilde{B}_T^2 u_T + \tilde{B}_{D1}^2 u_{D1} + \tilde{B}_{D2}^2 u_{D2} \tag{3.36}$$

式中，

$$\tilde{B}_T^1 = (d_T - d_{M1}K_{u_T}^{M1})\varphi_{52} + (d_T - d_{M2}K_{u_T}^{M2})\varphi_{54} - d_{M1}K_{u_T}^{M1}\varphi_{56} - \\ d_{M2}K_{u_T}^{M2}\varphi_{58} + B_{M1}K_{u_T}^{M1}\varphi_{5M1} + B_{M2}K_{u_T}^{M2}\varphi_{5M2} + B_T\varphi_{5T}$$

$$\tilde{B}_{D1}^1 = d_{D1}\varphi_{56} + B_{D1}\varphi_{5D1}$$

$$\tilde{B}_{D2}^1 = d_{D2}\varphi_{58} + B_{D2}\varphi_{5D2}$$

$$\tilde{B}_T^2 = (d_T - d_{M1} K_{u_T}^{M1}) \varphi_{72} + (d_T - d_{M2} K_{u_T}^{M2}) \varphi_{74} - d_{M1} K_{u_T}^{M1} \varphi_{76} -$$

$$d_{M2} K_{u_T}^{M2} \varphi_{78} + B_{M1} K_{u_T}^{M1} \varphi_{7M1} + B_{M2} K_{u_T}^{M2} \varphi_{7M2} + B_T \varphi_{7T}$$

$$\tilde{B}_{D1}^2 = d_{D1} \varphi_{76} + B_{D1} \varphi_{7D1}$$

$$\tilde{B}_{D2}^2 = d_{D2} \varphi_{78} + B_{D2} \varphi_{7D2}$$

式（3.35）和式（3.36）表明，$\dot{Z}_{MiDi}(t)$，$i = \{1,2\}$ 是状态独立的且只与设计的控制器有关。利用终端投影法降阶后，可将式（3.28）表示为

$$J = \sum_i^S \frac{\alpha_i}{2} Z_{MiDi}^2(t_f^{MD}) + \sum_i^S \frac{\beta_i}{2} \int_0^{t_f^{MD}} u_{Di}^2 \, dt + \frac{\eta}{2} \int_0^{t_f^{MD}} u_T^2 \, dt \qquad (3.37)$$

性能指标式（3.37）的哈密尔顿函数为

$$H = \frac{1}{2} (\beta_1 u_{D1}^2 + \beta_2 u_{D2}^2 + \eta u_T^2) + \lambda_{Z_1} \dot{Z}_{M1D1}(t) + \lambda_{Z_2} \dot{Z}_{M2D2}(t) \qquad (3.38)$$

新的状态变量对时间的导数是状态独立的，可大大简化伴随方程相关的计算。

$$\left. \begin{aligned} \dot{\lambda}_{Z_1} &= -\frac{\partial H}{\partial Z_{M1D1}} = 0 \\ \lambda_{Z_1}(t_f^{MD}) &= \alpha_1 Z_{M1D1}(t_f^{MD}) \end{aligned} \right\} \qquad (3.39)$$

$$\left. \begin{aligned} \dot{\lambda}_{Z_2} &= -\frac{\partial H}{\partial Z_{M2D2}} = 0 \\ \lambda_{Z_2}(t_f^{MD}) &= \alpha_2 Z_{M2D2}(t_f^{MD}) \end{aligned} \right\} \qquad (3.40)$$

伴随方程的解可表示为

$$\lambda_{Z_1}(t) = \alpha_1 Z_{M1D1}(t_f^{MD}) \qquad (3.41)$$

$$\lambda_{Z_2}(t) = \alpha_2 Z_{M2D2}(t_f^{MD}) \qquad (3.42)$$

由控制方程可得

$$\frac{\partial H}{\partial u_T} = 0 \Rightarrow$$
$$u_T = -\frac{\alpha_1}{\eta} \tilde{B}_T^1 Z_{M1D1}(t_f^{MD}) - \frac{\alpha_2}{\eta} \tilde{B}_T^2 Z_{M2D2}(t_f^{MD}) \qquad (3.43)$$

$$\frac{\partial H}{\partial u_{D1}} = 0 \Rightarrow$$
$$u_{D1} = -\frac{\alpha_1}{\beta_1} \tilde{B}_{D1}^1 Z_{M1D1}(t_f^{MD}) - \frac{\alpha_2}{\beta_1} \tilde{B}_{D1}^2 Z_{M2D2}(t_f^{MD}) \qquad (3.44)$$

$$\frac{\partial H}{\partial u_{D1}} = 0 \Rightarrow$$
$$u_{D2} = -\frac{\alpha_1}{\beta_2} \tilde{B}_{D2}^1 Z_{M1D1}(t_f^{MD}) - \frac{\alpha_2}{\beta_2} \tilde{B}_{D2}^2 Z_{M2D2}(t_f^{MD}) \qquad (3.45)$$

将式(3.43)、(3.44)和(3.45)代入式(3.35)和式(3.36)中,可得

$$\dot{Z}_{M1D1}(t)=c_{11}Z_{M1D1}(t_f^{MD})+c_{12}Z_{M2D2}(t_f^{MD}) \tag{3.46}$$

$$\dot{Z}_{M2D2}(t)=c_{21}Z_{M1D1}(t_f^{MD})+c_{22}Z_{M2D2}(t_f^{MD}) \tag{3.47}$$

式中,$c_{11}=-\dfrac{\alpha_1}{\eta}(\tilde{B}_T^1)^2-\dfrac{\alpha_1}{\beta_1}(\tilde{B}_{D1}^1)^2-\dfrac{\alpha_1}{\beta_2}(\tilde{B}_{D2}^1)^2$,$c_{12}=-\dfrac{\alpha_2}{\eta}\tilde{B}_T^1\tilde{B}_T^2-\dfrac{\alpha_2}{\beta_1}\tilde{B}_{D1}^1\tilde{B}_{D1}^2-$

$\dfrac{\alpha_2}{\beta_2}\tilde{B}_{D2}^1\tilde{B}_{D2}^2$,$c_{21}=-\dfrac{\alpha_1}{\eta}\tilde{B}_T^1\tilde{B}_T^2-\dfrac{\alpha_1}{\beta_1}\tilde{B}_{D1}^1\tilde{B}_{D1}^2-\dfrac{\alpha_1}{\beta_2}\tilde{B}_{D2}^1\tilde{B}_{D2}^2$,$c_{22}=-\dfrac{\alpha_2}{\eta}(\tilde{B}_T^2)^2-\dfrac{\alpha_2}{\beta_1}$

$(\tilde{B}_{D1}^2)^2-\dfrac{\alpha_2}{\beta_2}(\tilde{B}_{D2}^2)^2$。

将式(3.46)和(3.47)从 t 到 t_f 积分可得

$$Z_{M1D1}(t)=\left(1-\int_t^{t_f^{MD}}c_{11}\mathrm{d}t\right)Z_{M1D1}(t_f^{MD})+\left(-\int_t^{t_f^{MD}}c_{12}\mathrm{d}t\right)Z_{M2D2}(t_f^{MD}) \tag{3.48}$$

$$Z_{M2D2}(t)=\left(1-\int_t^{t_f^{MD}}c_{21}\mathrm{d}t\right)Z_{M1D1}(t_f^{MD})+\left(1-\int_t^{t_f^{MD}}c_{22}\mathrm{d}t\right)Z_{M2D2}(t_f^{MD}) \tag{3.49}$$

计算可得 $Z_{M1D1}(t_f^{MD})$ 和 $Z_{M2D2}(t_f^{MD})$ 的解,表示为

$$Z_{M1D1}(t_f^{MD})=\frac{\left(1-\int_t^{t_f^{MD}}c_{22}\mathrm{d}t\right)Z_{M1D1}(t)+\left(\int_t^{t_f^{MD}}c_{12}\mathrm{d}t\right)Z_{M2D2}(t)}{\left(1-\int_t^{t_f^{MD}}c_{11}\mathrm{d}t\right)\left(1-\int_t^{t_f^{MD}}c_{22}\mathrm{d}t\right)-\left(\int_t^{t_f^{MD}}c_{12}\mathrm{d}t\right)\left(\int_t^{t_f^{MD}}c_{21}\mathrm{d}t\right)} \tag{3.50}$$

$$Z_{M2D2}(t_f^{MD})=\frac{\left(\int_t^{t_f^{MD}}c_{21}\mathrm{d}t\right)Z_{M1D1}(t)+\left(1-\int_t^{t_f^{MD}}c_{11}\mathrm{d}t\right)Z_{M2D2}(t)}{\left(1-\int_t^{t_f^{MD}}c_{11}\mathrm{d}t\right)\left(1-\int_t^{t_f^{MD}}c_{22}\mathrm{d}t\right)-\left(\int_t^{t_f^{MD}}c_{12}\mathrm{d}t\right)\left(\int_t^{t_f^{MD}}c_{21}\mathrm{d}t\right)} \tag{3.51}$$

将式(3.50)和式(3.51)代入式(3.43)、式(3.44)和式(3.45),可得

$$u_T=N_T^1Z_{M1D1}(t)/t_{\mathrm{go}}^{MD}+N_T^2Z_{M2D2}(t)/t_{\mathrm{go}}^{MD} \tag{3.52}$$

式中,$N_T^1=\dfrac{\left[-\dfrac{\alpha_1}{\eta}\tilde{B}_T^1\left(1-\int_t^{t_f^{MD}}c_{22}\mathrm{d}t\right)-\dfrac{\alpha_2}{\eta}\tilde{B}_T^2\left(\int_t^{t_f^{MD}}c_{21}\mathrm{d}t\right)\right]t_{\mathrm{go}}^{MD}}{\left(1-\int_t^{t_f^{MD}}c_{11}\mathrm{d}t\right)\left(1-\int_t^{t_f^{MD}}c_{22}\mathrm{d}t\right)-\left(\int_t^{t_f^{MD}}c_{12}\mathrm{d}t\right)\left(\int_t^{t_f^{MD}}c_{21}\mathrm{d}t\right)}$,

$N_T^2=\dfrac{\left[-\dfrac{\alpha_1}{\eta}\tilde{B}_T^1\left(\int_t^{t_f^{MD}}c_{12}\mathrm{d}t\right)-\dfrac{\alpha_2}{\eta}\tilde{B}_T^2\left(1-\int_t^{t_f^{MD}}c_{11}\mathrm{d}t\right)\right]t_{\mathrm{go}}^{MD}}{\left(1-\int_t^{t_f^{MD}}c_{11}\mathrm{d}t\right)\left(1-\int_t^{t_f^{MD}}c_{22}\mathrm{d}t\right)-\left(\int_t^{t_f^{MD}}c_{12}\mathrm{d}t\right)\left(\int_t^{t_f^{MD}}c_{21}\mathrm{d}t\right)}$,

N_T^1 和 N_T^2 是目标的导航增益参数。

$$u_{D1} = N_{D1}^1 Z_{M1D1}(t)/t_{\text{go}}^{MD} + N_{D1}^2 Z_{M2D2}(t)/t_{\text{go}}^{MD} \tag{3.53}$$

式中：
$$N_{D1}^1 = \dfrac{\left[-\dfrac{\alpha_1}{\beta_1}\tilde{B}_{D1}^1\left(1-\displaystyle\int_t^{t_f^{MD}} c_{22}\,\mathrm{d}t\right) - \dfrac{\alpha_2}{\beta_1}\tilde{B}_{D1}^2\left(\displaystyle\int_t^{t_f^{MD}} c_{21}\,\mathrm{d}t\right)\right] t_{\text{go}}^{MD}}{\left(1-\displaystyle\int_t^{t_f^{MD}} c_{11}\,\mathrm{d}t\right)\left(1-\displaystyle\int_t^{t_f^{MD}} c_{22}\,\mathrm{d}t\right) - \left(\displaystyle\int_t^{t_f^{MD}} c_{12}\,\mathrm{d}t\right)\left(\displaystyle\int_t^{t_f^{MD}} c_{21}\,\mathrm{d}t\right)},$$

$$N_{D1}^2 = \dfrac{\left[-\dfrac{\alpha_1}{\beta_1}\tilde{B}_{D1}^1\left(\displaystyle\int_t^{t_f^{MD}} c_{12}\,\mathrm{d}t\right) - \dfrac{\alpha_2}{\beta_1}\tilde{B}_{D1}^2\left(1-\displaystyle\int_t^{t_f^{MD}} c_{11}\,\mathrm{d}t\right)\right]}{\left(1-\displaystyle\int_t^{t_f^{MD}} c_{11}\,\mathrm{d}t\right)\left(1-\displaystyle\int_t^{t_f^{MD}} c_{22}\,\mathrm{d}t\right) - \left(\displaystyle\int_t^{t_f^{MD}} c_{12}\,\mathrm{d}t\right)\left(\displaystyle\int_t^{t_f^{MD}} c_{21}\,\mathrm{d}t\right)},$$

N_{D1}^1 和 N_{D1}^2 是防御器 1 的导航增益参数。

$$u_{D2} = N_{D2}^1 Z_{M1D1}(t)/t_{\text{go}}^{MD} + N_{D2}^2 Z_{M2D2}(t)/t_{\text{go}}^{MD} \tag{3.54}$$

式中：
$$N_{D2}^1 = \dfrac{\left[-\dfrac{\alpha_1}{\beta_2}\tilde{B}_{D2}^1\left(1-\displaystyle\int_t^{t_f^{MD}} c_{22}\,\mathrm{d}t\right) - \dfrac{\alpha_2}{\beta_2}\tilde{B}_{D2}^2\left(\displaystyle\int_t^{t_f^{MD}} c_{21}\,\mathrm{d}t\right)\right] t_{\text{go}}^{MD}}{\left(1-\displaystyle\int_t^{t_f^{MD}} c_{11}\,\mathrm{d}t\right)\left(1-\displaystyle\int_t^{t_f^{MD}} c_{22}\,\mathrm{d}t\right) - \left(\displaystyle\int_t^{t_f^{MD}} c_{12}\,\mathrm{d}t\right)\left(\displaystyle\int_t^{t_f^{MD}} c_{21}\,\mathrm{d}t\right)},$$

$$N_{D2}^2 = \dfrac{\left[-\dfrac{\alpha_1}{\beta_2}\tilde{B}_{D2}^1\left(\displaystyle\int_t^{t_f^{MD}} c_{12}\,\mathrm{d}t\right) - \dfrac{\alpha_2}{\beta_2}\tilde{B}_{D2}^2\left(1-\displaystyle\int_t^{t_f^{MD}} c_{11}\,\mathrm{d}t\right)\right] t_{\text{go}}^{MD}}{\left(1-\displaystyle\int_t^{t_f^{MD}} c_{11}\,\mathrm{d}t\right)\left(1-\displaystyle\int_t^{t_f^{MD}} c_{22}\,\mathrm{d}t\right) - \left(\displaystyle\int_t^{t_f^{MD}} c_{12}\,\mathrm{d}t\right)\left(\displaystyle\int_t^{t_f^{MD}} c_{21}\,\mathrm{d}t\right)},$$

N_{D2}^1 和 N_{D2}^2 是防御器 2 的导航增益参数。

3.4　仿真分析

在本节中，我们用数值仿真法来分析本章所提出的带有引诱角色的多模自适应协同探测制导方法。首先，设置了仿真参数且分析了多智能体的交战情况。在彼此事先知晓对方所有参数信息的情况下，通过目标、防御器和拦截器的动力学模型评估了双向协同最优制导律的性能。其次，在目标-防御器组事先未知拦截器制导参数的情况下，在目标-防御器组采用提出的双向协同制导律的基础上，结合能够识别拦截器制导参数的 MMAE 方法，利用蒙特卡洛（Monte Carlo，MC）方法评估了带有引诱角色的多模自适应协同探测制导方法的估计性能和制导精度，它们主要受两种因素的影响：一个是 MMAE 对拦截器采用制导律的检测和反应；另一个是目标与防御器之间的协同程度。

3.4.1 拦截参数和交战情形

对于 3.3 节中设计的制导律,其仿真参数设置如下:目标与两拦截器之间的初始距离为 $r_{MiT_0} = 11\ 000$ m,初始侧向距离分别为 $y_{M1T1} = 50$ m 和 $y_{M2T2} = -50$ m。在交战之初防御器就从目标处发射,因此防御器与拦截器的初始侧向距离和目标与拦截器之间的相等,分别为 $y_{M1D1} = 50$ m 和 $y_{M2D2} = -50$ m。目标、防御器和拦截器的速度分别为 $v_T = 800$ m/s,$v_{Di} = 1\ 200$ m/s 和 $v_{Mi} = 1\ 200$ m/s。忽略重力的影响,目标、防御器和拦截器的最大过载限制分别为 $u_T^{\max} = 10$ g,$u_D^{\max} = 15$ g 和 $a_M^{\max} = 20$ g;过载时间常数分别为 $\tau_T = 0.2$,$\tau_{Di} = 0.2$ 和 $\tau_{Mi} = 0.2$。仿真时间间隔设置为 $\Delta = 0.001$ s,视线角量测噪声的标准差为 $\sigma_{i,\lambda} = 1$ mrad。拦截器在完全知晓目标完美信息的条件下,采取 PN、APN 和 OGL 其中某一制导律拦截目标。

假设两拦截器采用导航增益为 $N = 3$ 的 PN 和 APN 制导律拦截目标。为了实现 MC 仿真,滤波的初始条件服从一个高斯分布,为

$$\hat{x}_0 \sim N(\bar{x}_0, P_0) \tag{3.55}$$

式中:$\bar{x}_0$ 是式(2.41)定义的滤波初始状态,P_0 是滤波初始方差矩阵。

在本节中利用 100 次 MC 仿真来评估结合 MMAE 的所提双向最优协同制导律的性能。

图 3.1 所示为双向协同策略下的多智能体协同拦截交战轨迹图,图 3.2 所示为双向协同策略和单向协同策略下的多智能体加速度变化图。从图 3.1 可以看出防御器会在拦截器到达目标之前成功拦截目标,且在制导末端它们的拦截脱靶量低于 0.01 m。这说明在知晓对方完美信息的条件下,所设计的双向协同最优制导律具有较高的拦截精度。从图 3.2(a)可以看出,因为防御器能得到目标所提供的拦截器的机动序列,所以防御器所需的最大过载比拦截器小。相比于图 3.2(a)的单向协同策略,图 3.2(b)中表现出的双向协同策略凭借目标与防御器的协同可以减少防御器的过载需求。从图 3.3(a)可以看出,防御器拦截导弹所需的控制消耗要比导弹拦截目标远小得多,这是因为目标对导弹执行引诱机动能使得防御器更容易拦截拦截器。对比于图 3.3(b),双向协同策略因为相同的原因可以减小防御器拦截拦截器的能量消耗。

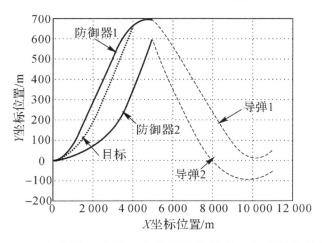

图 3.1　双向协同策略下的多智能体协同拦截交战弹道轨迹图

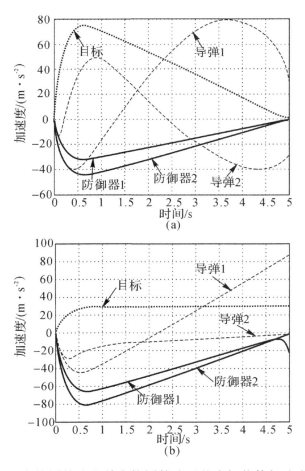

图 3.2　双向协同策略和单向协同策略下的多智能体加速度变化图

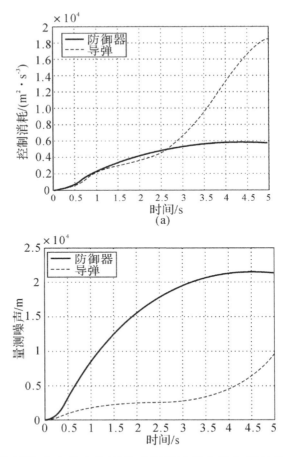

图 3.3　双向协同策略和单向协同策略下的导弹和防御器的控制消耗变化图

　　图 3.4 为在不同权重值 η 下的目标导航增益变化曲线。从图 3.4 可以看出，导航增益 N_T^1 和 N_T^2 随着权重值的减小而增大，这是因为减小目标的权重值 η 会导致控制需求的增加，最终在拦截时刻达到 0。这对于防御器的导航增益也是一样的。从图 3.5 可以看出，增大防御器的权重值能够减少其脱靶量。当权重值 α_i 从 0 到 10 变化时，防御器脱靶量变化得非常剧烈；当它趋向于无穷时，防御器得脱靶量会趋向于 0。此外，权重值 η 对于脱靶量的影响比较小。

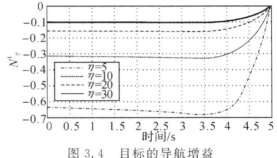

图 3.4　目标的导航增益

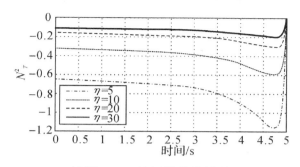

续图 3.4　目标的导航增益

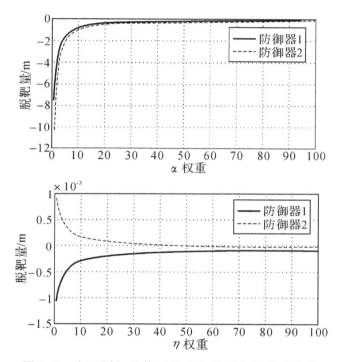

图 3.5　在不同权重值下的防御器脱靶量变化曲线

3.4.2　估计性能和脱靶量评估

图 3.6 给出了拦截器所采用的制导律后验概率的变化图。从图 3.6 中可以看出,识别出两导弹所采用制导律所花费的时间大约为 2.5 s。在导弹制导律都被识别的条件下,目标–防御器组所采取的双向协同最优制导律是有效的。MMAE 对导弹制导律的识别速度能影响防御器对导弹的制导精度。图 3.7 和图 3.8 分别为防御器 1 识别导弹 1 所采取的制导律和防御器 2 识别导弹 2 所采

取的制导律的后验概率变化图。比较图 3.6、图 3.7 和图 3.8 可知,识别导弹制导律所花费的时间取决于最晚被识别出的那个。

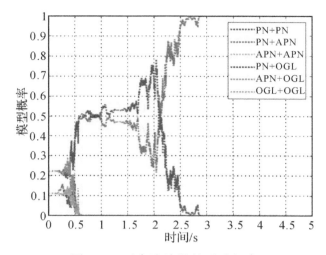

图 3.6　元素滤波器的后验概率

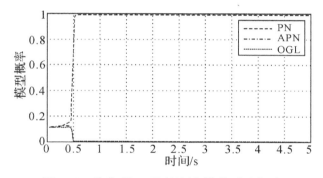

图 3.7　防御器 1 元素滤波器的后验概率

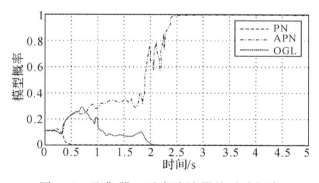

图 3.8　防御器 2 元素滤波器的后验概率

　　图 3.9 和图 3.10 分别提出了对拦截器 1 和拦截器 2 的位置、速度和加速度

的估计误差变化图。从图 3.9 和图 3.10 中可以看出,利用 MMAE 识别拦截器采取的制导律和导航增益参数能够输出很小的估计误差。所有状态估计误差的快速收敛,特别是加速度估计误差,对终端脱靶量具有很重要的影响。正如图 3.9 和图 3.10 所示,加速度的估计误差很快收敛到 0 并保持不变直到制导结束,这表明结合 MMAE 的双向协同最优制导律具有良好的制导性能。

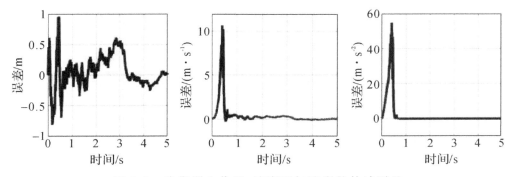

图 3.9　防御器 1 位置、速度和加速度的估计误差

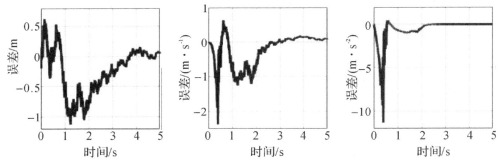

图 3.10　防御器 2 位置、速度和加速度的估计误差

通过 500 次 MC 仿真,分析结合了 MMAE 的双向协同最优制导律的闭环拦截性能。

图 3.11 和图 3.12 分别提出了防御器 1 和防御器 2 针对不同导弹制导律的脱靶量累积分布函数,它是由防御器的最小脱靶量定义的。我们通常在脱靶量累积分布函数中设置一个阈值来评估飞行器的终端拦截性能,即,确保 95% 杀伤概率所需的战斗部杀伤范围(Warhead Lethality Ranges,WLR)。从图 3.11 和图 3.12 中可以看出,防御器 1 和防御器 2 确保 95% 杀伤概率所需的 WLR 都小于 1 m,这表明结合 MMAE 的双向协同最优制导律具有很好的估计能力和制导性能。此外,针对导弹采取的不同制导律,防御器 1 和防御器 2 确保 95% 杀伤概率的所需的 WLR 都比较接近,这表明了 MMAE 针对导弹采取的不同制导律具有相同的估计和识别能力。

图 3.13 和图 3.14 分别为防御器 1 和防御器 2 在不同目标最大加速度限制

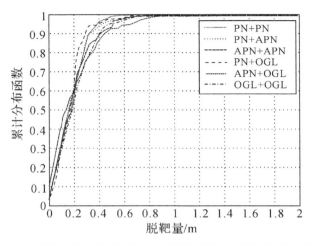

图 3.11　防御器 1 针对导弹采取不同制导律的脱靶量累积分布函数

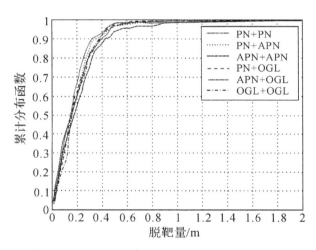

图 3.12　防御器 2 针对导弹采取不同制导律的脱靶量累积分布函数

下的脱靶量累积分布函数。从图 3.13 和图 3.14 可以看出防御器确保 95% 杀伤概率所需的 WLR 会随着目标最大过载限制值的减小而增加，导致了较差的制导性能。这表明目标协同防御器做协同机动能提高防御器对导弹的制导性能，并降低制导过程中所需的控制代价。

3.5　本章小结

　　本章主要针对我方高价值飞行器受到两枚来袭拦截器的威胁，发射两枚防御器拦截拦截器以保存我方飞行器的情形，提出了一种结合 MMAE 的双向协

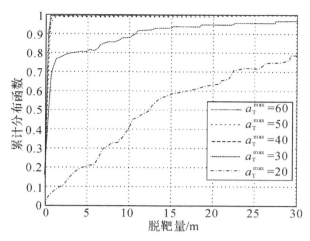

图 3.13　不同最大目标加速度限制下防御器 1 的脱靶量累积分布函数

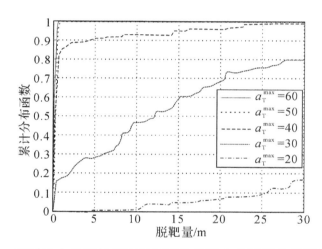

图 3.14　不同最大目标加速度限制下防御器 2 的脱靶量累积分布函数

同最优制导律。双向协同策略可以使得目标与防御器充分协同，这使得目标与防御器组能以最小的控制代价完成作战任务。MMAE 可在一个已知的有限集内识别拦截器采取的制导律。

　　首先，我们通过数值仿真，分析了完美信息条件下的双向协同策略和制导参数，验证了 MMAE 的识别能力和估计精度。其次，引入 MC 仿真方法，评估了防御器在不同条件下的脱靶量累积分布函数。结果表明，结合 MMAE 的双向协同最优制导律具有很好的估计性能和拦截精度。此外，目标与防御器之间的协同可以提高防御器对拦截器的制导表现。

第 4 章　考虑双视线协同探测误差的协同探测制导方法

4.1　引　　言

在本节中,我们对 2.4 节中提出的两拦截器协同拦截目标的交战问题进行更详细的描述。设计两拦截器拦截目标的协同制导律所考虑的主要问题是交战过程中两拦截器的双视线探测方式会影响对目标的探测精度,即,两追击者的视线分离角会影响对侧向位移的探测误差。如果所设计的协同制导律不能够控制视线分离角并使其变大,那么根据注 4,拦截器对目标的探测精度会降低。因此所设计的制导律要能够控制两拦截器间的视线分离角,使其能够满足探测和拦截性能的需求。如果两追击者能够形成一个理想的视线分离角,可以将探测误差降至最低,那么估计精度和拦截性能将得到提高。

因此,将脱靶量和能量消耗[67]考虑在内,采用最优控制的方法来实现上述条件。

4.2　快速多模型自适应估计理论

在本节中,我们引入一种有效的 MMAE 方法,即 Fast MMAE,来识别和追踪机动目标。原则上,MMAE 算法的执行需要和假设数量一样多的 EF,MMAE 算法需要使用尽可能多的目标机动策略假设,这将导致滤波器数量随假设数量线性增加,并且计算量也将随之同时增加。而使用快速 MMAE 算法可以减少使用的滤波器数量并提高计算速度,快速 MMAE 包括两个过程:一个是 EF 的聚合,另一个是 EF 的削减。逃逸策略被假定为针对目标的一系列机动命令,因此,MMAE 的每个 EF 的差异仅是由于目标切换时间的不同假设导致的。在拦截末端的任意时刻 t,对应于假设机动切换时间发生在未来,即,$t_{sw}^i > t$ 的所有滤波器 KF(α_i) 可被一个聚合滤波器代替。对于机动切换时间已经发生过的假设,即,$t_{sw}^i \ll t$,如果 MMAE 没有识别出该假设是正确的,则可将该假设对应的 KF(α_j) 从中去掉[68]。

4.2.1 传统的 MMAE

MMAE 由一组 EF 构成,每个 EF 对应一个可能的假设。理论上讲,针对目标 bang-bang 机动的形式,需要无穷多个元素滤波器来对应它的随机切换时间假设。考虑到实际原因,可将末端拦截时间 t_f 平均分成 L 等份,每等份的时间间隔为 Δt_{sw}。此时会产生 L 个假设 $\{\alpha_i\}_{i=1}^L$,其中第 α_i 个假设对应目标在时刻 $t_{sw}^i = i \Delta t_{sw}$,$i = 1, \cdots, L$ 进行切换机动。所以,随机机动目标具有 L 种机动模式 $\{m_i\}_{i=1}^L$,其中第 i 种模式 m_i 与假设 α_i 相对应。

如果第 i 个 EF 在时刻 k 的状态估计表示为 $\hat{x}_{k|k}^i$,则相应的量测残差可表示为

$$r_k^i = z_k - \hat{z}_{k|k-1}^i \tag{4.1}$$

使用条件贝叶斯公式和条件总概率公式,可计算出第 i 个 EF 对应的假设 α_i 的后验概率为

$$p(\alpha_i | Z^k) = \frac{p(z_k | \alpha_i, Z^{k-1}) p(\alpha_i | Z^{k-1})}{\sum\limits_{j=1}^L p(z_k | \alpha_j, Z^{k-1}) p(\alpha_j | Z^{k-1})} \tag{4.2}$$

式中,$p(z_k | \alpha_i, Z^{k-1})$ 在时刻 k 对应于假设 α_i 的似然函数。在本节的线性高斯系统中,似然函数 $p(z_k | \alpha_i, Z^{k-1})$ 会遵循高斯分布

$$p(z_k | \alpha_i, Z^{k-1}) = p(r_k^i) = N(r_k^i; 0, \boldsymbol{S}_k^i) \tag{4.3}$$

式中,$\boldsymbol{S}_k^i$ 是对应于假设 α_i 的量测残差方差矩阵。

因此,在多模型的框架下,可以利用 MMSE 准则和 MAP 准则融合每个 EF 的状态估计来得到最终的输出,本节会使用 MMSE 准则来对其融合。

4.2.2 元素滤波器聚合

聚合到当前时刻为止没有区别的所有 EF。因为对应于假设到当前时刻没有发生机动切换的这些 EF 的状态估计、估计误差方差阵和后验概率都是相同的,所以这些 EF 可由一个聚合滤波器代替。这样,在时刻 t,由聚合滤波器代替

的 EF 的数量为

$$L_{ag}(t) \triangleq L - j(t) \tag{4.4}$$

式中，

$$j(t) = \mathrm{int}(t^- / \Delta t_{sw}) \tag{4.5}$$

$j(t)$ 是在时间 t 之前在假设中设置的目标机动发生切换的模型数量，显然，$L_{ag}(t)$ 随着 $j(t)$ 单调递减。

当时间 t 到达第 i 个模型对应的机动切换时间，则初始化该模型对应的元素滤波器 $KF(\alpha_i)$，它的初值为在该时刻聚合滤波器的状态估计和估计误差方差阵。因为聚合滤波代表 $L_{ag}(t)$ 个相同模型，则 EF 的后验概率可表示为

$$p(\alpha_i \mid Z^k) = \frac{1}{L_{ag}(t)} p(\alpha_{ag} \mid Z^k) \tag{4.6}$$

式中，$p(\alpha_{ag} \mid Z^k)$ 是初始化 $KF(\alpha_i)$ 之前聚合滤波器的后验概率。显然，在初始化之后，$KF(\alpha_i)$ 的概率应当从聚合滤波器的概率中减掉。

4.2.3　元素滤波器削减

Hexner 等人[15]指出存在独立于估计器类型的机动指令检测时间下界。因此，无论目标在何时执行机动切换指令，都假设 MMAE 能够在随后的时间间隔 T_{id} 内识别该机动切换指令。如果在机动切换发生后的 T_{id} 时间内，切换机动没有被相应的 EF 检测到（即，EF 的后验概率总是低于一个预先设定好的阈值），那么在之后的任何时间内切换机动将不会再被检测到。因此，相应的 EF 则可从 MMAE 中去除。根据文献[69]，T_{id} 可表示为

$$T_{id} = s_f \cdot T_{id}^{\min} \tag{4.7}$$

$$T_{id}^{\min} = \sqrt[3]{\frac{12 \tau_E \sigma_{P_i,y}}{a_E^c}} \tag{4.8}$$

式中，s_f 是调谐参数，$T_{id}^{\min}$ 是机动切换的最小检测时间区间，它可基于以下原则计算得到：当标称轨迹与目标位置之间的偏差超过量测噪声标准偏差值的两倍时，目标的切换机动则会被检测出。

对于机动检测时间区间 T_{id}，机动切换时间还没有达到 T_{id} 的模型数为 $\mathrm{int}(T_{id}/\Delta t_{sw})$，包括聚合滤波器，MMAE 中有效的 EF 的总数为

$$L_s = \mathrm{int}(T_{id}/\Delta t_{sw}) + 1 \tag{4.9}$$

需要用到的模型总数为

$$L = t_f / \Delta t_{sw} \tag{4.10}$$

因此，MMAE 中用到的 EF 总数减少到

$$L_s/L \cong T_{id}/t_f \qquad (4.11)$$

这说明检测时间 T_{id} 和终端制导拦截时间 t_f 共同决定了 MMAE 中被削减的 EF 的数量。

4.2.4　Fast MMAE 滤波过程

步骤一：初始化模型集 $M = \{m_j\}_{j=1}^{L_s}$，基状态 $\{x_{0|0}^j, P_{0|0}^j\}_{j=1}^{L_s}$ 和模概率 $\{\mu_0^j\}_{j=1}^{L_s}$。

1）模型集：$m_j = \alpha_j, j = 1, \cdots, L_s$。

2）基状态：$x_{0|0}^j = x_{0|0}, P_{0|0}^j = P_{0|0}, j = 1, \cdots, L_s$。

3）模概率：$\mu_0^i = p(m_i | Z^0) = 1/L, i = 1, \cdots, L_s - 1, \mu_0^{L_s} = p(m_{L_s} | Z^0) = (L - L_s + 1)/L$。

步骤二：基于模型集滤波（$\forall m_j \in M$）。

1）一步状态预测

$$\hat{\boldsymbol{x}}_{k|k-1}^j = \boldsymbol{\Phi}_{k|k-1} \hat{\boldsymbol{x}}_{k-1|k-1}^j + \boldsymbol{\Gamma}_{k-1} u_{k-1} \qquad (4.12)$$

2）状态方差阵一步预测

$$\boldsymbol{P}_{k|k-1}^j = \boldsymbol{\Phi}_{k|k-1} \boldsymbol{P}_{k-1|k-1}^j \boldsymbol{\Phi}_{k|k-1}^{\mathrm{T}} + \boldsymbol{Q}_{k-1} \qquad (4.13)$$

3）量测残差和其方差阵的计算

$$\hat{z}_{k|k-1}^j = \boldsymbol{H} \hat{x}_{k|k-1}^j \qquad (4.14)$$

$$\boldsymbol{S}_k^j = \boldsymbol{H} \boldsymbol{P}_{k|k-1}^j \boldsymbol{H}^T + \boldsymbol{R}_k \qquad (4.15)$$

4）计算增益，更新状态均值和方差矩阵

$$\boldsymbol{W}_k^j = \boldsymbol{P}_{k|k-1}^j \boldsymbol{H}^T (\boldsymbol{S}_k^j)^{-1} \qquad (4.16)$$

$$\hat{\boldsymbol{x}}_{k|k}^j = \hat{\boldsymbol{x}}_{k|k-1}^j + \boldsymbol{W}_k^j (z_k - \hat{z}_{k|k-1}^j) \qquad (4.17)$$

$$\boldsymbol{P}_{k|k}^j = \boldsymbol{P}_{k|k-1}^j - \boldsymbol{W}_k^j \boldsymbol{S}_k^j (\boldsymbol{W}_k^j)^{\mathrm{T}} \qquad (4.18)$$

步骤三：更新模概率（$\forall m_j \in M$），即

$$\mu_k^j = \frac{\mu_{k-1}^j L_k^j}{C_k} \qquad (4.19)$$

式中，L^j 是模式 m_j 的似然函数，它可表示为

$$L_k^j \triangleq p(z_k | m_k^j, Z^{k-1}) = N(r_k^j; 0, S_k^j) \qquad (4.20)$$

C_k 是标准化的常数，满足

$$C_k = \sum_{i=1}^{L_s} \mu_{k-1}^i L_k^i \qquad (4.21)$$

步骤四:输出总的状态均值和方差矩阵,即

$$\hat{\boldsymbol{x}}_{k\,|\,k}=\sum_{j=1}^{L_s}\mu_k^j\hat{\boldsymbol{x}}_{k\,|\,k}^j \tag{4.22}$$

$$\boldsymbol{P}_{k\,|\,k}=\sum_{j=1}^{L_s}\mu_k^j\left[\boldsymbol{P}_{k\,|\,k}^j+(\hat{\boldsymbol{x}}_{k\,|\,k}-\hat{\boldsymbol{x}}_{k\,|\,k}^j)(\hat{\boldsymbol{x}}_{k\,|\,k}-\hat{\boldsymbol{x}}_{k\,|\,k}^j)^T\right] \tag{4.23}$$

如果当前时刻到达第 i 个模型 α_i 对应的切换时刻,且 $p(m_1\,|\,Z^k)$ 小于预先设定好的阈值,则下一步继续更新模型集;否则,设置 $k=k+1$,并返回步骤二。

步骤五:更新模型集。

1)模型集:$l=l+1,m_j=\alpha_{j+1},j=1,\cdots,L_s$。

2)EF 削减:

$$\hat{\boldsymbol{x}}_{k\,|\,k}^i=\hat{\boldsymbol{x}}_{k\,|\,k}^{i+1(\text{old})},\boldsymbol{P}_{k\,|\,k}^i=\boldsymbol{P}_{k\,|\,k}^{i+1(\text{old})},i=1,\cdots,L_s-2 \tag{4.24}$$

$$\hat{\boldsymbol{x}}_{k\,|\,k}^{L_s-1}=\hat{\boldsymbol{x}}_{k\,|\,k}^{L_s(\text{old})},\boldsymbol{P}_{k\,|\,k}^{L_s-1}=\boldsymbol{P}_{k\,|\,k}^{L_s(\text{old})} \tag{4.25}$$

$$\hat{\boldsymbol{x}}_{k\,|\,k}^{L_s}=\hat{\boldsymbol{x}}_{k\,|\,k}^{L_s(\text{old})},\boldsymbol{P}_{k\,|\,k}^{L_s}=\boldsymbol{P}_{k\,|\,k}^{L_s(\text{old})} \tag{4.26}$$

$$\mu_k^i=\mu_k^{i+1(\text{old})},i=1,\cdots,L_s-2 \tag{4.27}$$

$$\mu_k^{L_s-1}=\mu_k^{L_s(\text{old})}/L_{\text{ag}} \tag{4.28}$$

$$\mu_k^{L_s}=\mu_k^{L_s(\text{old})}(L_{\text{ag}}-1)/L_{\text{ag}} \tag{4.29}$$

式中,$\hat{\boldsymbol{x}}^{j(\text{old})},\boldsymbol{P}^{j(\text{old})}$ 和 $\mu^{j(\text{old})}$ 分别代表在模型集更新前的状态均值、协方差矩阵和模概率。

3)归一化模概率

$$\mu_k^i=\mu_k^i/(\sum_{j=1}^{L_s}\mu_k^j),j=1,\cdots,L_s \tag{4.30}$$

设置 $k=k+1$,返回步骤二。

4.3　考虑双视线协同探测误差的快速多模型自适应协同探测制导方法

4.3.1　视线分离角约束下性能指标的提出

在标称碰撞三角形小偏差的假设下,拦截器和目标之间的侧向位移 y_i 能被近似为

$$y_i \approx (\lambda_{PiE} - \lambda_{PiE_0}) r_{PiE} \tag{4.31}$$

$$r_{PiE} \approx v_{PiE} t_{go} \tag{4.32}$$

那么,视线角 λ_{PiE} 可近似为

$$\lambda_{PiE} \approx \lambda_{PiE_0} + \frac{y_i}{v_{PiE} t_{go}} \tag{4.33}$$

所设计的制导律的目的是得到能够最小化目标探测误差的理想的视线分离角,因此,引入 $\frac{y_i}{v_{PiE} t_{go}}$ 项,建立协同最优制导律的性能指标

$$J^y = \frac{1}{2}\alpha_1 y_1^2(t_f) + \frac{1}{2}\alpha_2 y_2^2(t_f) + \frac{1}{2}\beta\left(\frac{y_1}{v_{P1E(t_{go}+\Delta t)}} - \frac{y_2}{v_{P2E(t_{go}+\Delta t)}} - \Delta\right)^2 +$$
$$\frac{1}{2}\eta_1\int_0^{t_f} u_{P1}^2 \mathrm{d}\tau + \frac{1}{2}\eta_2\int_0^{t_f} u_{P2}^2 \mathrm{d}\tau \tag{4.34}$$

式中,$\Delta t > 0$,是接近于 0 的无穷小量。

注8　使用 $\frac{y_i(t_f)}{v_{PiE}(t_{go}+\Delta t)}$ 代替 $\frac{y_i(t_f)}{v_{PiE}t_{go}}$ 来避免在后续推导中解的奇异性。当 $\Delta t \to 0$ 时,$\frac{y_i(t_f)}{v_{PiE}(t_{go}+\Delta t)} \to \frac{y_i(t_f)}{v_{PiE}t_{go}}$。当 $\alpha_i \to \infty$ 时,能够得到最小化拦截器 Pi 与目标 E 之间脱靶量的完美制导律,权重 β 能够使得两拦截器在制导终端施加一个相对视线分离角。

4.3.2　最优化问题降阶及其控制器设计方法

为了减少求解优化问题的阶数,得到控制输入的解析解,引入终端投影法对性能指标降阶。引入新的状态变量 $Z_i(t)$,可定义为

$$Z_i(t) = D\boldsymbol{\Phi}_i(t_f,t)\boldsymbol{x}_i(t) \tag{4.35}$$

式中,$\boldsymbol{\Phi}_i(t_f,t)$ 是与式(2.53)相关的状态转移矩阵,$\boldsymbol{D}$ 是用来分离状态变量$\boldsymbol{x}_i(t)$中元素的常数向量。例如,当 $\boldsymbol{D} = [1\ \ 0\ \ 0\ \ 0]$ 时,我们能从状态向量 $\boldsymbol{x}_i$ 中分别获取侧向位移 y_i。同时,根据状态变量的性质,可以得到

$$\dot{\boldsymbol{\Phi}}_i(t_f,t) = -\dot{\boldsymbol{\Phi}}_i(t_f,t)\boldsymbol{A}_i \tag{4.36}$$

结合式(4.36)和新的状态变量对时间的导数,可以得到

$$\dot{Z}_i(t) = D\dot{\boldsymbol{\Phi}}_i(t_f,t)\boldsymbol{x}_i(t) + D\boldsymbol{\Phi}_i(t_f,t)\dot{\boldsymbol{x}}_i(t) = D\boldsymbol{\Phi}_i(t_f,t)\boldsymbol{B}_i u_{Pi}(t) \tag{4.37}$$

式(4.37)表明 $\dot{Z}_i(t)$ 是状态独立的,只与所设计的控制器有关。此外,我们

将 $\boldsymbol{D\Phi}_i(t_f,t)\boldsymbol{B}_i$ 由 $\hat{\boldsymbol{B}}_i$ 代替。

使用终端投影法降阶后,目标函数(4.34)能表示为

$$J^y = \frac{1}{2}\alpha_1 Z_1^2(t_f) + \frac{1}{2}\alpha_2 Z_2^2(t_f) + \frac{1}{2}\beta\left(\frac{z_1}{v_{P1E(x_{go}+\Delta t)}} - \frac{z_2}{v_{P2E(t_{go}+\Delta t)}} - \Delta\right)^2 +$$

$$\frac{1}{2}\eta_1\int_0^{t_f} u_{P1}^2 \mathrm{d}\tau + \frac{1}{2}\eta_2\int_0^{t_f} u_{P2}^2 \mathrm{d}\tau \tag{4.38}$$

性能指标的哈密尔顿函数为

$$H = \frac{1}{2}\eta_1 u_{P1}^2 + \frac{1}{2}\eta_2 u_{P2}^2 + \lambda_{Z_1}\dot{Z}_1(t) + \lambda_{Z_2}\dot{Z}_2(t) \tag{4.39}$$

新的状态变量对时间的导数是状态独立的,可大大简化伴随方程相关的计算

$$\lambda_{Z_1}(t_f) = \alpha_1 Z_1(t_f) + \frac{\beta}{v_{P1E}t_{go}}\left(\frac{Z_1(t_f)}{v_{P1E}t_{go}} - \frac{Z_2(t_f)}{v_{P2E}t_{go}} - \Delta\right) \tag{4.40}$$

$$\lambda_{Z_2}(t_f) = \alpha_2 Z_2(t_f) - \frac{\beta}{v_{P2E}t_{go}}\left(\frac{Z_1(t_f)}{v_{P1E}t_{go}} - \frac{Z_2(t_f)}{v_{P2E}t_{go}} - \Delta\right) \tag{4.41}$$

由控制方程可得

$$\frac{\partial H}{\partial u_{P1}} = \eta_1 u_{P1} + \lambda_{Z_1}\hat{B}_1 = 0 \Rightarrow$$

$$u_{P1} = -\frac{\hat{B}_1}{\eta_1}\left[\alpha_1 Z_1(t_f) + \frac{\beta}{v_{P1E}t_{go}}\left(\frac{Z_1(t_f)}{v_{P1E}t_{go}} - \frac{Z_2(t_f)}{v_{P2E}t_{go}} - \Delta\right)\right] \tag{4.42}$$

$$\frac{\partial H}{\partial u_{P1}} = \eta_2 u_{P2} + \lambda_{Z_2}\hat{B}_2 = 0 \Rightarrow$$

$$u_{P2} = -\frac{\hat{B}_2}{\eta_2}\left[\alpha_2 Z_2(t_f) - \frac{\beta}{v_{P2E}t_{go}}\left(\frac{Z_1(t_f)}{v_{P1E}t_{go}} - \frac{Z_2(t_f)}{v_{P2E}t_{go}} - \Delta\right)\right] \tag{4.43}$$

将式(4.42)和式(4.43)分别代入式(4.37)中可得

$$\dot{Z}_1(t) = -\frac{\hat{B}_1^2}{\eta_1}\left[\alpha_1 Z_1(t_f) + \frac{\beta}{(v_{P1E}t_{go})^2}Z_1(t_f) - \frac{\beta}{v_{P1E}v_{P2E}t_{go}^2}Z_2(t_f) - \frac{\beta\Delta}{v_{P1E}t_{go}}\right] \tag{4.44}$$

$$\dot{Z}_2(t) = -\frac{\hat{B}_2^2}{\eta_2}\left[\alpha_2 Z_2(t_f) - \frac{\beta}{v_{P1E}v_{P2E}t_{go}^2}Z_1(t_f) + \frac{\beta}{(v_{P2E}t_{go})^2}Z_2(t_f) + \frac{\beta\Delta}{v_{P2E}t_{go}}\right] \tag{4.45}$$

将式(4.44)和式(4.45)从 t 到 t_f 积分可得

$$Z_1(t_f) - Z_1(t) = \left(-\frac{\alpha_1\hat{B}_{11}}{\eta_1} - \frac{\beta\hat{B}_{12}}{\eta_1 v_{P1E}^2}\right)Z_1(t_f) + \frac{\beta\hat{B}_{12}}{\eta_1 v_{P1E}v_{P2E}}Z_2(t_f) + \frac{\beta\Delta\hat{B}_{13}}{v_{P1E}\eta_1} \tag{4.46}$$

$$Z_2(t_f) - Z_2(t) = \frac{\beta \hat{B}_{12}}{\eta_2 v_{P1E} v_{P2E}} Z_1(t_f) + (-\frac{\alpha_2 \hat{B}_{21}}{\eta_2} - \frac{\beta \hat{B}_{22}}{\eta_2 v_{P2E}^2}) Z_2(t_f) - \frac{\beta \Delta \hat{B}_{23}}{v_{P1E} \eta_2}$$

$$(4.47)$$

式中，$\hat{B}_{11} = \int_t^{t_f} \hat{B}_1^2 d\tau$，$\hat{B}_{12} = \int_t^{t_f} \frac{\hat{B}_1^2}{t_{go}^2} d\tau$，$\hat{B}_{13} = \int_t^{t_f} \frac{\hat{B}_1^2}{t_{go}} d\tau$，$\hat{B}_{21} = \int_t^{t_f} \hat{B}_2^2 d\tau$，$\hat{B}_{22} = \int_t^{t_f} \frac{\hat{B}_2^2}{t_{go}^2} d\tau$，

$\hat{B}_{23} = \int_t^{t_f} \frac{\hat{B}_2^2}{t_{go}} d\tau$。

结合式（4.46）和式（4.47），可解得 $Z_1(t_f)$ 和 $Z_2(t_f)$

$$Z_1(t_f) = \frac{N_2 \hat{Z}_1(t) + N_3 \hat{Z}_2(t)}{N} \tag{4.48}$$

$$Z_2(t_f) = \frac{N_1 \hat{Z}_2(t) + N_4 \hat{Z}_1(t)}{N} \tag{4.49}$$

式中，$N_1 = (1 + \frac{\alpha_1 \hat{B}_{11}}{\eta_1} + \frac{\beta \hat{B}_{12}}{\eta_1 v_{P1E}^2})$，$N_2 = (1 + \frac{\alpha_2 \hat{B}_{21}}{\eta_2} + \frac{\beta \hat{B}_{22}}{\eta_2 v_{P2E}^2})$，$N_3 = \frac{\beta \hat{B}_{12}}{\eta_1 v_{P1E} v_{P2E}}$，$N_4 =$

$\frac{\beta \hat{B}_{22}}{\eta_2 v_{P1E} v_{P2E}}$，$N = N_1 N_2 - N_3 N_4$，$\hat{Z}_1(t) = Z_1(t) + \frac{\beta \Delta \hat{B}_{13}}{v_{P1E} \eta_1}$，$\hat{Z}_2(t) = Z_2(t)$

$- \frac{\beta \Delta \hat{B}_{23}}{v_{P1E} \eta_2}$。

将式（4.48）和式（4.49）分别代入式（4.42）和式（4.43）中，可得到最优控制器为

$$u_{P1} = -\frac{\hat{B}_1}{\eta_1} \left[\frac{(\alpha_1 + \frac{\beta}{(v_{P1E} t_{go})^2}) N_2 - \frac{\beta}{v_{P1E} v_{P2E} t_{go}^2} N_4}{N} \hat{Z}_1(t) + \frac{(\alpha_1 + \frac{\beta}{(v_{P1E} t_{go})^2}) N_3 - \frac{\beta}{v_{P1E} v_{P2E} t_{go}^2} N_1}{N} \hat{Z}_2(t) - \frac{\beta \Delta}{v_{P1E} t_{go}} \right] \tag{4.50}$$

$$u_{P2} = -\frac{\hat{B}_2}{\eta_2} \left[\frac{(\alpha_2 + \frac{\beta}{(v_{P2E} t_{go})^2}) N_4 - \frac{\beta}{v_{P1E} v_{P2E} t_{go}^2} N_2}{N} \hat{Z}_1(t) + \frac{(\alpha_2 + \frac{\beta}{(v_{P2E} t_{go})^2}) N_1 - \frac{\beta}{v_{P1E} v_{P2E} t_{go}^2} N_3}{N} \hat{Z}_2(t) - \frac{\beta \Delta}{v_{P2E} t_{go}} \right] \tag{4.51}$$

4.4　仿　真　分　析

在本节中,我们对所提协同制导律和 Fast MMAE 滤波进行数值仿真验证。首先,设置仿真参数,并初步分析三个飞行器的交战情形。然后,探究协同制导律和 Fast MMAE 滤波对机动目标探测和制导性能的影响,并引入 MC 对它们进行评估。影响拦截器制导和探测性能的因素主要有两个:一是两拦截器在制导过程中的相对视线分离角,二是 Fast MMAE 滤波对目标机动切换时间的检测能力。最后,将使用 Fast MMAE 滤波的考虑协同探测误差的协同制导律与使用带有成型滤波器的卡尔曼滤波(KF/SF)的该制导律和使用 Fast MMAE 滤波的 APN 制导律进行对比。

4.4.1　拦截情形和交战参数

针对 4.2 节中设计的制导律,仿真参数设置如下:拦截器 1 和拦截器 2 同时发射,与机动目标的初始距离都为 $r_{PiE_0} = 12\,000$ m,初始的侧向位移分别为 $y_{P1E_0} = -50$ m 和 $y_{P2E_0} = 50$ m。拦截器和目标的速度分别为 $v_{Pi} = 2\,000$ m/s 和 $v_E = 1000$ m/s。忽略重力的影响,拦截器和目标的过载限制分别为 $u_{Pi}^{\max} = 40$ g 和 $a_E^{\max} = 6$ g,过载响应时间常数分别为 $\tau_{Pi} = 0.2$ s 和 $\tau_E = 0.2$ s。仿真时间间隔设置为 $\Delta = 0.001$ s,目标导引头视场的探测误差噪声标准差为 $\sigma_{Pi,\lambda} = 1$ mrad。对于 4.3 节中的 Fast MMAE,仿真参数设置如下:机动切换的时间间隔为 $\Delta t_{sw} = 0.01$ s,对于拦截时间为 $t_f = 4$ 的交战情形,可根据 Δt_{sw} 将其等分成 $L = t_f/\Delta t_{sw} = 40$ 份,那么在 Fast MMAE 中可得出 40 个对应于机动切换时间 $t_{sw}^i = i\Delta t_{sw}, i = 1, \cdots, 40$ 的模型。根据以上设置的参数和式(4.5)、式(4.6),我们可得到 Fast MMAE 中有效 EF 的总数为 $L_s = 7$。

通过设置随机目标机动切换时间的 100 次 MC 仿真来评估不同估计方法和制导律的性能,包括分别使用 Fast MMAE 滤波和 KF/SF 的所提协同制导律及使用 Fast MMAE 滤波的 APNG。

图 4.1 为拦截器 1 和拦截器 2 协同拦截机动目标的交战图。从图中可看出,所提的协同制导律能够调制两拦截器的弹道使两者相互分离以增大其视线分离角,从而避免因制导构型造成的探测误差。图 4.2 为两拦截器的加速度变化,从图中可知,两拦截器的加速度均未超出过载限制。结合图 4.1 和图 4.2,拦截器 2 因为不需要较大幅度的机动,所以它对机动能力的要求不高,而拦截器 1 要与拦截器 2 相互配合增大它们之间的视线分离角,所以相比于拦截器 2 的

初始状态优势,拦截器 1 需要付出更大的机动代价来达到制导目的。

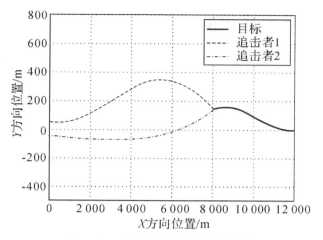

图 4.1　多飞行器协同拦截交战

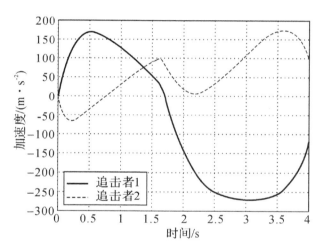

图 4.2　追击者 1 和追击者 2 的加速度变化图

4.4.2　估计性能评估

假设机动目标的切换时间为 1.6 s,即在 1.6 s 时执行相反方向的最大加速度机动,我们比较了 Fast MMAE 滤波和 KF/SF 的估计能力,并探究了视线分离角对探测效能的影响。

图 4.3 为拦截器 1 的元素滤波器的模概率变化图。图 4.4 为 Fast MMAE 滤波和 KF/SF 对拦截器 1 加速度的估计。从图 4.3 中可以看出,在 2.0 s 之前,对应假设目标没有发生机动切换的聚合滤波器具有较高的模概率,这说明在该阶段目标切换机动一直没有被识别出。大约在 2.1 s 时 Fast MMAE 滤波识

别出目标机动发生了切换,从目标在 1.6 s 时执行机动切换到 2.1 s 时,将其检测出,这期间用了 0.5 s 的时间,相比于所需的最小检测时间间隔 $T_{id}^{min} = 0.591\,2$ s,0.5 s 的检测时间是合理有效的。从图 4.4 可以看出,在识别出目标机动切换后,Fast MMAE 对目标加速度的估计值很快收敛到了加速度的实际值。所有状态误差的快速收敛,特别是加速度估计误差,对终端脱靶量有很大的影响。相比于 KF/SF,Fast MMAE 滤波对目标的机动切换具有更快速的响应和更精确的加速度估计性能。

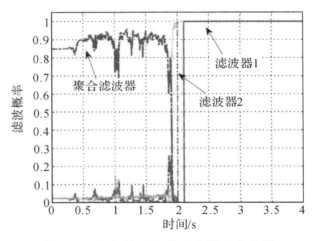

图 4.3　追击者 1EF 的后验概率变化图

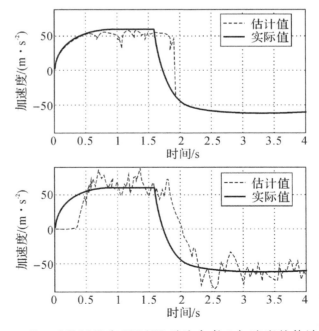

图 4.4　Fast MMAE 和 KF/SF 对追击者 1 加速度的估计性能

图 4.5 和图 4.6 给出了拦截器的位置、速度和加速度估计误差。从图 4.5 和 4.6 可以看出,在 2 s 左右两种滤波对加速度的估计都产生了较大的波动,参照图 4.4,这是由对目标机动切换估计时间延迟造成的。相比于 KF/SF,Fast MMAE 滤波对于加速度具有更低的估计误差。Fast MMAE 滤波对加速度的精确估计也使得它能精确地估计位置和速度。

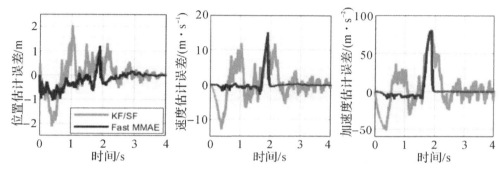

图 4.5　拦截器 1 的位置、速度和加速度估计误差

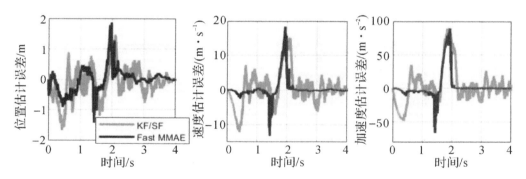

图 4.6　拦截器 2 的位置、速度和加速度估计误差

图 4.7 为在不同制导律下的拦截器 1 和目标之间的侧向位移量测噪声变化图。图 4.8 为在不同制导律和估计方法下的两拦截器间的视线分离角角变化图。对比两图可以看出,使用 APN 结合 Fast MMAE 的方法会使得视线分离角在整个制导过程中都很小,这导致了较大的探测误差噪声,这是因为 APN 不能控制两飞行器之间的视线分离角。从图 4.8 中可以看出,所提制导律能够控制两飞行器之间的视线分离角,并且能使视线分离角逐渐增大达到事先设定的阈值。量测噪声随着视线分离角的增大而减小,并在最后趋近于 0,这说明了本节所提制导律能够减小两飞行器的探测误差。

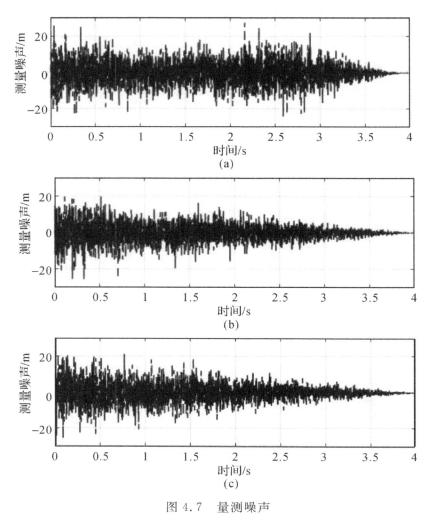

图 4.7　量测噪声

(a)结合 Fast MMAE 的 APN 制导律；(b)结合 KF/SF 的所提制导律；(c)结合 Fast MMAE 的所提制导律

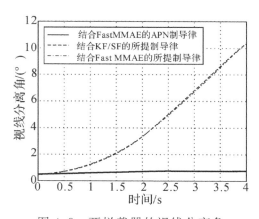

图 4.8　两拦截器的视线分离角

4.4.3　脱靶量评估

在这一节中,我们通过引入 100 次 MC 仿真,分析了结合 Fast MMAE 的 APN、结合 KF/SF 和 Fast MMAE 的所提制导律的闭环拦截性能。

图 4.9 和图 4.10 展示了两拦截器的脱靶量 CDF,表 4.1 总结了两拦截器确保 95% 击杀概率所需的 WLR。以拦截器 1 为例,相比于结合 Fast MMAE 的 APN 需要 5.63 m 的杀伤范围及结合 KF/SF 的所提制导律需要 7.01 m 的 WLR,所提制导律结合 Fast MMAE 仅需 1.46 m 的 WLR。正如图 4.9 和图 4.10 中所示,结合 Fast MMAE 的所提制导律所需的 WLR 要远低于结合 Fast MMAE 的 APN 和结合 KF/SF 的所提制导律的 APN,这说明其拦截性能要优于其他两种制导和估计方法。此外,对比图 4.9 和图 4.10,针对两拦截器使用结合 KF/SF 的所提制导律的情况,追击者 2 所需的 WLR 要远低于追击者 1 的,对比图 4.2,这验证了追击者所需的控制需求能影响终端拦截性能。

表 4.1　结合 Fast MMAE 的 APN、结合 KF/SF 和 Fast MMAE 的所提制导律下,确保 95% 击杀概率所需的 WLR

制导律	WLR	
	追击者 1/m	追击者 2/m
结合 Fast MMAE 的 APN	5.63	3.19
结合 KF/SF 的所提制导律	7.01	0.83
结合 Fast MMAE 的所提制导律	1.46	0.21

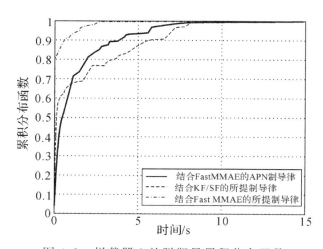

图 4.9　拦截器 1 的脱靶量累积分布函数

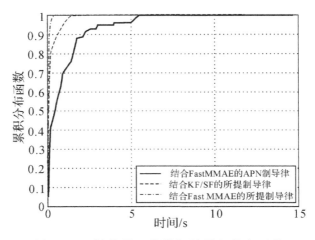

图 4.10　拦截器 2 的脱靶量累积分布函数

　　图 4.11 和图 4.12 为两拦截器针对不同切换时间的平均脱靶量。从图中可以看出,对于结合 Fast MMAE 的 APN,当目标集中在 1.5 s 到 4 s 进行切换机动时会产生拦截脱靶量;对于结合 KF/SF 的所提制导律,当目标在 2.3 ～4 s 进行切换机动时会造成拦截器 1 产生脱靶量,当目标在 3～4 s 进行切换机动时会造成拦截器 2 产生脱靶量;对于结合 Fast MMAE 的所提制导律,相比于拦截器 2,只有拦截器 1 会产生较大的拦截脱靶量,且其产生的拦截脱靶量是三种方法中最小的,这说明结合 Fast MMAE 的所提制导律具有较好的制导精度。结合 Fast MMAE 的 APN 会产生脱靶量的原因是其在制导过程中不能调制视线分离角,从而使得两拦截器产生较大的探测误差;结合 KF/SF 的所提制导律虽然避免了因不能调制视线分离角造成探测误差过大,但影响其探测精度的原因主要是对目标的加速度估计不精确。此外,针对所有的制导和估计方法,它们的脱靶量都随着机动切换时间的增加,先增大后减小。脱靶量先增大是因为目标越接近制导末端进行切换机动,留给拦截器反应的时间就越少,滤波延迟使得拦截器不能及时变更指令,最终导致较大的脱靶量。脱靶量而后减小的原因是如果目标切换机动得太晚,会造成目标来不及变换方向逃逸,这使得脱靶量又会降低。

　　从图 4.11 和图 4.12 中可以看出,目标只有在合适的时间执行切换机动时才会使得拦截器产生拦截脱靶量。如果目标不执行切换机动或切换机动的时机不对,那么拦截器将不会产生脱靶量。图 4.13 提出了在结合 Fast MMAE 的所提制导律下当切换时间为 3.8 s 的追击者针对不同视线分离角的平均脱靶量变化图。从图 4.13 中可以看出,当视线分离角为零时,追击者 1 和追击者 2 的平均脱靶量分别达到最大,为 2.48 m 和 3.05 m。随着两追击者之间的视线分离角增加,它们的平均脱靶量会随之减小并逐渐趋向于一个稳定值。应当注意,当两拦截器的视线分离角从 0°变化到 4°时,拦截器 2 的平均脱靶量降低得尤为剧烈,并于 4°时到达最低值。当视线分离角从 0°增加到 15°时,追击者 1 的平均脱靶量逐渐降低并在 15°之后到达一个稳定值。这表明当视线分离角大于 15°时,所设计的制导律能够获得较好的拦截和估计性能,但是也不能盲目地增加视线角,不然会给拦截器的控制需求带来很大的负担。

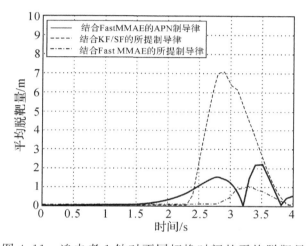

图 4.11　追击者 1 针对不同切换时间的平均脱靶量

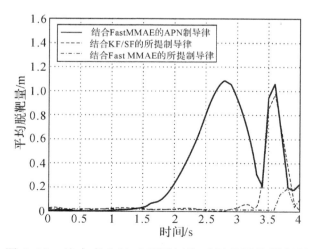

图 4.12　追击者 2 针对不同切换时间的平均脱靶量

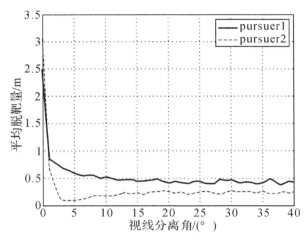

图 4.13　在结合 Fast MMAE 的所提制导律下当切换时间为 3.8 s 时
追击者针对不同视线分离角的平均脱靶量

4.5　本 章 小 结

　　针对两拦截器协同拦截具有随机切换时间的 bang-bang 机动目标,引入协同探测误差模型提出了一种考虑双视线协同探测误差的协同制导律。利用最优控制理论来设计该协同制导律,使其能够调制两拦截器的视线分离角,以减少探测误差增强探测精度。此外,使用 Fast MMAE 来识别目标的机动切换时间并估计其状态。

　　通过 MC 仿真,比较了结合 Fast MMAE 的 APN、结合 KF/SF 和 Fast MMAE 的所提制导律之间的性能。结果表明,所提制导律能通过控制视线分离角并使其增加,来减小因两拦截器过小的视线分离角带来的探测误差,Fast MMAE 相较于 KF/SF 有更精确的估计精度和更快的误差收敛速度。因此,结合了 Fast MMAE 的所提协同制导律具有很好的估计精度和制导性能。

第5章 诱饵干扰情况下考虑探测误差的协同探测制导方法

5.1 引　　言

针对两飞行器协同拦截能够发射诱饵的敌方目标的交战情形。在进行制导律的设计时,需要考虑两个主要问题:一是在目标发射诱饵后,在我方飞行器的视野中存在真实目标和具有真实目标特性的虚假目标。在这种情况下,我方飞行器需要采取有效的制导方法,能够同时兼顾两个目标进行制导,并最大化拦截真实目标的概率。二是在识别出诱饵后,考虑到飞行器的双视线探测方式会影响对目标的探测精度,即,两飞行器的视线分离角影响对侧向相对距离的测量方差。在这种情况下,我方飞行器需要在制导末端控制视线分离角,使其能够满足飞行器对目标探测和拦截精度的要求。

5.2 基于最高概率区间的预测制导方法

5.2.1 基于最高概率区间的滚动时域优化计算

在本阶段,我们采用预测控制,也叫做模型预测控制的方法来设计制导律。该方法需要实时地对目标的状态进行估计,并且预测其在拦截时刻的状态。基于广义分离定理(Generalized Separation Theorem, GST)设计的导引律考虑到了估计器输出的 PDF,记为 $p(z_E \mid y^k)$。在交战过程中,虽然目标的机动形式是难以预测的,但是对于拦截器导引头视场中的单目标来说,估计器输出的 PDF可以近似认为服从正态分布。然而考虑到当目标具有释放诱饵干扰拦截的能力时，此时的拦截器导引头视场中可能具有多个疑似的目标，则估计器输出的 PDF 是由多个服从正态分布的 PDF 叠加起来的，呈现出多峰值的状态。因此可以认为这些服从正态分布的 PDF 对应各个目标和诱饵的状态估计。图 5.1 所示为预测制导律的流程图。

本阶段的制导控制问题主要涉及两个方面：一是通过滚动控制约束求解出的 t_k 时刻状态转移到拦截时刻 t_f 的预测状态；二是在滚动时间区间 $[t_k, t_{k+1}]$ 内求解满足滚动控制约束的分段最优控制器（见图 5.2），提出了本阶段制导律设计的主要思想，即，在飞行器对目标的可达集内最大化其概率密度。

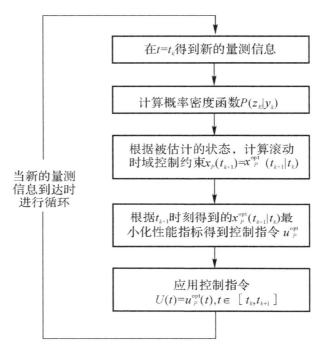

图 5.1 提出的预测制导律的流程图

滚动控制约束是通过最大化目标在拦截器可达集内某项状态的概率得到的。定义 $\boldsymbol{R}_{Pi}(t_f, t_{k+1})$ 为追击者在 t_k 时刻的状态 $x_{Pi}(t_{k+1})$ 转移到拦截时刻 t_f 的状态可达集；另外，定义 $\beta_{Pi}(t_f, t_{k+1})$ 为追击者在 t_{k+1} 时刻的状态 $x_{Pi}(t_{k+1})$ 中的位置分量转移到拦截时刻 t_f 的位置可达集，$\beta_{Pi}(t_f, t_{k+1})$ 可表示为

$$\beta_{Pi}(t_f, t_{k+1}) \triangleq \boldsymbol{D}_\beta \boldsymbol{R}_{Pi}(t_f, t_{k+1}) = \left[\beta_{Pi}^{\min}(t_f, t_{k+1}), \beta_{Pi}^{\max}(t_f, t_{k+1}) \right] \quad (5.1)$$

式中，$\bar{\beta}_{Pi}(t_f, t_{k+1})$ 为可达集 $\beta_{Pi}(t_f, t_{k+1})$ 的子集，可表示为

$$\bar{\beta}_{Pi}(t_f, t_{k+1}) \triangleq \left[\beta_{Pi}^{\min}(t_f, t_{k+1}) + \theta(t_f, t_{k+1}), \beta_{Pi}^{\max}(t_f, t_{k+1}) - \theta(t_f, t_{k+1}) \right]$$

$$(5.2)$$

式中，$\boldsymbol{D}_{\beta}=\begin{bmatrix} 1 & 0 & 0 \end{bmatrix}$，$\beta_{Pi}^{\min}(t_f,t_{k+1})$ 和 $\beta_{Pi}^{\max}(t_f,t_{k+1})$ 为拦截器在最大指令加速度 $u_{Pi}^{\max}$ 限制下从 t_k 时刻转移到 t_f 时刻的状态可达集区间的上限和下限，$\theta(t_f,t_{k+1})$ 为目标某个状态的概率密度函数峰值从 t_{k+1} 时刻变化到 t_f 时刻的最大位移值。

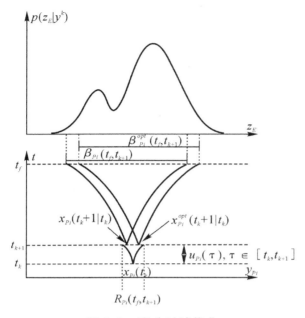

图 5.2　滚动时域优化

由图 5.2 可知，所要求的滚动控制约束条件为

$$\boldsymbol{x}_{Pi}(t_{k+1})=\boldsymbol{x}_{Pi}^{\mathrm{opt}}(t_{k+1} \mid t_k) \tag{5.3}$$

式中，$\boldsymbol{x}_{Pi}^{\mathrm{opt}}(t_{k+1} \mid t_k)$ 满足最优化问题，则

$$\boldsymbol{x}_{Pi}^{\mathrm{opt}}(t_k \mid t_{k+1})=\arg \max_{\boldsymbol{x}_{Pi}(t_{k+1} \mid t_k) \in \mathbf{R}} U(\boldsymbol{x}_{Pi}(t_{k+1} \mid t_k)) \tag{5.4}$$

$$U(\boldsymbol{x}_{Pi}(t_{k+1} \mid t_k)) \triangleq \int_{\beta_{Pi}(t_f,t_{k+1})} p(z_E \mid y^k)\mathrm{d}z_E \tag{5.5}$$

式中，U 为目标在 t_{k+1} 时刻处于可达集内的概率。

图 5.1 中，控制输入 $u(\tau),\tau\in[t_k,t_{k+1}]$ 可使得状态 $\boldsymbol{x}_{Pi}(t_k)$ 于下一时刻 t_{k+1} 在可达集范围内达到不同的值 $\boldsymbol{x}_{Pi}(t_{k+1})$，其中的最优解 $\boldsymbol{x}_{Pi}^{\mathrm{opt}}(t_{k+1} \mid t_k)$ 能使得目标在 t_{k+1} 时刻处于可达集内的概率 U 达到最大。

注 9　可以得到一种近似的求解 $\boldsymbol{x}_{Pi}^{\mathrm{opt}}(t_{k+1} \mid t_k)$ 的方法，即，从多个以不同的状态值 $\boldsymbol{x}_{Pi}(t_{k+1})$ 为中心起始点的可达集 $\overline{\beta}_{Pi}(t_f,t_{k+1})$ 中，找到能使得概率 U 达到最大的区间，该区间也叫做最高概率区间（Highest Probability Interval, HPI），其对应的中心起始点即为最优解 $\boldsymbol{x}_{Pi}^{\mathrm{opt}}(t_{k+1} \mid t_k)$。

5.2.2 控制指令的求解和应用

在求解控制指令 $u(\tau),\tau\in[t_k,t_{k+1}]$ 时,因为需要通过在每个时间区间 $[t_k,t_{k+1}]$ 计算该区间内的控制指令 $u(\tau)$,所以在整个制导过程内,控制指令 $u(\tau)$ 是一个由许多个子区间 $[t_k,t_{k+1}]$ 内的控制指令组成的分段函数。

设定一个与分段控制指令 $u(\tau)$ 相关的性能指标 $J^{\mathrm{OL}}(t_k)$,通过求解该性能指标可得到分段控制指令 $u(\tau)$,性能指标 $J^{\mathrm{OL}}(t_k)$ 可表示为

$$J^{\mathrm{OL}}(t_k)\triangleq|z_{Pi}^{\mathrm{HPI}}(t_k)-z(t_{k+1}|t_k)| \tag{5.6}$$

$$z_{Pi}^{\mathrm{HPI}}(t_k)\triangleq\boldsymbol{D}_\beta\boldsymbol{\Phi}_{Pi}(t_f,t_{k+1})\boldsymbol{x}_{Pi}^{\mathrm{opt}}(t_{k+1}|t_k) \tag{5.7}$$

$$z(t_{k+1}|t_k)\triangleq\boldsymbol{D}_\beta\boldsymbol{\Phi}_{Pi}(t_f,t_{k+1})\boldsymbol{x}_{Pi}(t_{k+1}|t_k)=$$

$$\boldsymbol{D}_\beta\left(\boldsymbol{\Phi}_{Pi}(t_f,t_k)\boldsymbol{x}_{Pi}(t_k)+\int_{t_k}^{t_{k+1}}\boldsymbol{\Phi}_{Pi}(t_f,\tau)\boldsymbol{B}_{Pi}(\tau)u^{\mathrm{OL}}(\tau)\mathrm{d}\tau\right) \tag{5.8}$$

式中,$z_{Pi}^{\mathrm{HPI}}(t_k)$ 和 $z(t_{k+1}|t_k)$ 为状态 $\boldsymbol{x}_{Pi}^{\mathrm{opt}}(t_{k+1}|t_k)$ 和 $\boldsymbol{x}_{Pi}(t_{k+1}|t_k)$ 在 t_{k+1} 时刻的位置分量在 t_f 时刻上的投影。

分析式(5.6)、式(5.7)和式(5.8)可知,只有 $z(t_{k+1}|t_k)$ 是与控制指令 $u(\tau)$ 相关的函数。此外,我们不需要计算 $\boldsymbol{x}_{Pi}^{\mathrm{opt}}(t_{k+1}|t_k)$ 来得到 $z_{Pi}^{\mathrm{HPI}}(t_k)$。因为 $z_{Pi}^{\mathrm{HPI}}(t_k)$ 是 $\boldsymbol{x}_{Pi}^{\mathrm{opt}}(t_{k+1}|t_k)$ 在 t_f 时刻的 HPI 的投影点,是 HPI 的中心点,因此只要计算出在 t_f 时刻的 HPI 就能求得 $z_{Pi}^{\mathrm{HPI}}(t_k)$。

为了求解性能指标 $J^{\mathrm{OL}}(t_k)$,引入定理 1,并设定 $g(t_k)=z_{Pi}^{\mathrm{HPI}}$ 和 $\boldsymbol{f}(t_{k+1})=\boldsymbol{D}_\beta\boldsymbol{\Phi}_{Pi}(t_f,t_{k+1})$。

定理 1:考虑状态变量为 $\boldsymbol{x}_{Pi}(\tau)\in\mathbf{R}$,状态转移矩阵为 $\boldsymbol{\Phi}_{Pi}$,控制输入和相应矩阵为 $u^{\mathrm{OL}}(\tau)\in\mathbf{R}$ 和 $\boldsymbol{B}_{Pi}$ 的线性系统,需要解决的控制问题为

$$\inf_{u^{\mathrm{OL}}\in A_u}|g(t_k)-\boldsymbol{f}(t_{k+1})\boldsymbol{x}_{Pi}(t_{k+1})| \tag{5.9}$$

$$A_u\triangleq\{|u^{\mathrm{OL}}(\tau)|\leqslant u_{Pi}^{\max},t\in[t_k,t_{k+1}]\} \tag{5.10}$$

式中,只有 $\boldsymbol{x}_{Pi}(t_{k+1})$ 是与控制输入 $u^{\mathrm{OL}}(\tau)\in[t_k,t_{k+1}]$ 相关的函数。

定义函数

$$\xi(\tau)\triangleq\boldsymbol{f}(t_{k+1})\boldsymbol{\Phi}_{Pi}(t_{k+1},\tau)\boldsymbol{B}_{Pi}(\tau),\tau\in[t_k,t_{k+1}] \tag{5.11}$$

假设 $\boldsymbol{\Phi}_{Pi}$ 和 $\boldsymbol{B}_{Pi}$ 为时间上连续的矩阵,$\xi(\tau)$ 不等于 0 且在整个过程中不改变符号。那么,在每个时间区间 $[t_k,t_{k+1}]$ 存在一个满足 $u^{\mathrm{OL}}\in A_u$ 的最优控制指令 $u^{\mathrm{OL}}(\tau)=u_d^*(t_k),\tau\in[t_k,t_{k+1}]$ 使式(5.9)达到最优。

因此,可求得最优控制指令为

$$u_d^*(t_k)=\begin{cases}K(t_k)/\zeta(t_k),& |K(t_k)/\zeta(t_k)|\leqslant u_{Pi}^{\max}\\ u_{Pi}^{\max}\,\mathrm{sgn}(K(t_k)/\zeta(t_k)),& \text{otherwise}\end{cases}\tag{5.12}$$

式中，

$$K(t_k)\triangleq g(t_k)-f(t_{k+1})\boldsymbol{\Phi}(t_{k+1},t_k)x_{Pi}(t_k)\tag{5.13}$$

$$\zeta(t_k)\triangleq\int_{t_k}^{t_{k+1}}\xi(\tau)\mathrm{d}\tau\tag{5.14}$$

证明：假设式(5.9)的值等于常数 c，可得到

$$c=\inf_{u^{\mathrm{OL}}\in A_u}|K(t_k)+\rho(u^{\mathrm{OL}})|,\rho(u^{\mathrm{OL}})\triangleq-\int_{t_k}^{t_{k+1}}\xi(\tau)u^{\mathrm{OL}}(\tau)\mathrm{d}\tau\tag{5.15}$$

情况 1：假设 $c\neq0$，由于 $u^{\mathrm{OL}}(\tau)$ 的不确定性，

$$c=\min\{|K(t_k)+\rho^{\min}|,|K(t_k)+\rho^{\max}|\}\tag{5.16}$$

式中，

$$\rho^{\min}\triangleq\inf_{u^{\mathrm{OL}}\in A_u}\rho(u^{\mathrm{OL}}),\rho^{\max}\triangleq\sup_{u^{\mathrm{OL}}\in A_u}\rho(u^{\mathrm{OL}})\tag{5.17}$$

凭借 $\xi(\tau)$ 不等于 0 且在整个过程中不改变符号的假设，可以得到

$$\rho^{\min}=-u^{\max}\left|\int_{t_k}^{t_{k+1}}\xi(\tau)\mathrm{d}\tau\right|=-u^{\max}|\zeta(t_k)|\tag{5.18}$$

$$\rho^{\max}=u^{\max}\left|\int_{t_k}^{t_{k+1}}\xi(\tau)\mathrm{d}\tau\right|=u^{\max}|\zeta(t_k)|\tag{5.19}$$

因此，当 $K(t_k)>0$ 且 $c\neq0$，可以得到 c 的最小值为 $c=|K(t_k)+\rho^{\min}|$。由式(5.15)可得最优控制输入为

$$u^{\mathrm{OL}}(\tau)=\begin{cases}u^{\max},&\zeta(t_k)>0\\ -u^{\max},&\zeta(t_k)<0\end{cases}\\ \tau\in[t_k,t_{k+1}],\text{if }c\neq0,K(t_k)>0\tag{5.20}$$

当 $K(t_k)<0$ 且 $c\neq0$，可以得到 c 的最小值为 $c=|K(t_k)+\rho^{\max}|$，可得最优控制输入为

$$u^{\mathrm{OL}}(\tau)=\begin{cases}-u^{\max},&\zeta(t_k)>0\\ u^{\max},&\zeta(t_k)<0\end{cases}\\ \tau\in[t_k,t_{k+1}],\text{if }c\neq0,K(t_k)<0\tag{5.21}$$

所以，可将最优控制输入表示为

$$u_d^*(t_k)=u^{\max}\mathrm{sgn}(K(t_k)/\zeta(t_k))\tag{5.22}$$

情况 2：假设 $c=0$，则存在

$$\inf_{u^{\mathrm{OL}}\in A_u}|K(t_k)+\rho(u^{\mathrm{OL}})|=0\tag{5.23}$$

因为 $\rho(u^{\mathrm{OL}})\triangleq-\int_{t_k}^{t_{k+1}}\xi(\tau)u^{\mathrm{OL}}(\tau)\mathrm{d}\tau$，且 $\xi(\tau)$ 不等于 0，所以可求得最优控

制输入为

$$u_d^*(t_k) = K(t_k) \bigg/ \left(\int_{t_k}^{t_{k+1}} \xi(\tau)\mathrm{d}\tau\right) = K(t_k)/\zeta(t_k) \tag{5.24}$$

综上，即可证明最优控制指令为式(5.12)。

结合式(5.1)，求拦截器线性系统状态向量中位置分量的可达集 $\beta_{Pi}(t_f, t_{k+1}) = [\beta_{Pi}^{\min}(t_f, t_{k+1}), \beta_{Pi}^{\max}(t_f, t_{k+1})]$，有

$$\beta_{Pi}^{\min} = D_\beta \left(\boldsymbol{\Phi}_{Pi}(t_f, t_k)\boldsymbol{x}_{Pi}(t_k) - u_{Pi}^{\max}\int_{t_k}^{t_f}\boldsymbol{\Phi}_{Pi}(t_f,\tau)\boldsymbol{B}_{Pi}\mathrm{d}\tau\right) \tag{5.25}$$

$$\beta_{Pi}^{\max} = D_\beta \left(\boldsymbol{\Phi}_{Pi}(t_f, t_k)\boldsymbol{x}_{Pi}(t_k) + u_{Pi}^{\max}\int_{t_k}^{t_f}\boldsymbol{\Phi}_{Pi}(t_f,\tau)\boldsymbol{B}_{Pi}\mathrm{d}\tau\right) \tag{5.26}$$

目标针对拦截器的制导，在时间区间 $\tau \in [0, t_f]$ 内随机发射一枚与目标具有相似特性的诱饵，且施加与目标加速度方向相反的最大指令加速度，对拦截器进行干扰。在目标发射诱饵后，拦截器的视场中就会有两个相似的目标。两个相似目标状态的 PDF 可由卡尔曼滤波器计算得到。在发射诱饵之前，目标状态的 PDF 是服从高斯分布的，在发射诱饵之后，目标状态的 PDF 可近似为 M 个等概率高斯分布的和，在任何一个时刻，M 的值可表示为

$$M(t_k) = 1 + N_d(t_k) \tag{5.27}$$

式中，N_d 为未识别出诱饵的个数。

目标位置概率密度函数峰值从 t_k 时刻到 t_f 时刻的最大变化值为 θ，根据状态方程(2.53)和量测方程(2.62)，通过卡尔曼滤波可以得到式(2.53)的状态估计值 $\hat{X}_k$ 和方差估计值 $P_{k|k} \in R_{5\times5}$。假设拦截器的侧向位移 y_{Pi}，侧向速度 $\dot{y}_{Pi}$ 和指令加速度 u_{Pi} 是已知的，那么目标的当前状态估计值 $\hat{X}_k^{AT}$ 可以表示 $[y_{Pi}+\hat{X}_k(1) \quad \dot{y}_{Pi}+\hat{X}_k(2) \quad \hat{X}_k(3)]^T$，当前方差估计值可表示为

$$P_{k|k}^{AT} = I_{3\times5}P_{k|k}I_{3\times5}^T, I_{3\times5} \triangleq [I_{3\times3}^T | \mathbf{0}_{3\times2}] \tag{5.28}$$

式中，$I_{3\times3}$ 为单位矩阵。

根据当前的目标状态均值和方差，结合目标的运动学方程，可以得到目标状态中的位置分量在终端时刻 t_f 均值和方差，即

$$\hat{X}_p^{AT}(t_f) = D_\beta \boldsymbol{\Phi}_E(t_f, t_k)\hat{X}_k^{AT} \tag{5.29}$$

$$P_p^{AT}(t_f|t_k) = D_\beta \boldsymbol{\Phi}_{Pi}(t_f, t_k)P_{k|k}^{AT}\boldsymbol{\Phi}_{Pi}^T(t_f, t_k)D_\beta^T \tag{5.30}$$

θ 由两部分组成，一是在最大指令加速度下从 t_k 时刻到 t_f 时刻变化值，二是目标状态中位置分量估计值的 α 标准差，即

$$\theta(t_k) = \theta_1(t_k) + \alpha\theta_2(t_k) \tag{5.31}$$

$$\theta_1(t_k) \triangleq a^{\max} \boldsymbol{D}_E \int_{t_k}^{t_f} \boldsymbol{\Phi}_E(t_f,\tau) \boldsymbol{B}_E \mathrm{d}\tau =$$

$$a^{\max} \left(\frac{t_{\mathrm{go}}^2}{2} - \tau_E t_{\mathrm{go}} + \tau_E^2 (1 - \mathrm{e}^{-t_{\mathrm{go}}/\tau_E}) \right) \tag{5.32}$$

$$\theta_2(t_k) \triangleq \sqrt{P_P^{\mathrm{AT}}(t_f|t_k)} = \sqrt{\boldsymbol{D}_\beta \boldsymbol{\Phi}_{Pi}(t_f,t_k) \boldsymbol{P}_{k|k}^{\mathrm{AT}} \boldsymbol{\Phi}_{Pi}^{\mathrm{T}}(t_f,t_k) \boldsymbol{D}_\beta^{\mathrm{T}}} \tag{5.33}$$

结合式(5.12),拦截器中的线性系统满足式(5.6)条件下的最优解 u_d^* 可由以下两式给出：

$$K(t_k) = z_{Pi}^{\mathrm{HPI}}(t_k) -$$

$$(y_{Pi}(t_k) + \dot{y}_{Pi}(t_k)t_{\mathrm{go}} + a_{Pi}(t_k)[\tau_{Pi}t_{\mathrm{go}} + \tau_{Pi}^2(\mathrm{e}^{-t_{\mathrm{go}}/\tau_{Pi}} - 1)]) \tag{5.34}$$

$$\zeta(t_k) = \Delta(t_{\mathrm{go}} - \tau_{Pi}) + \tau_{Pi}^2 \mathrm{e}^{-t_{\mathrm{go}}/\tau_{Pi}}(\mathrm{e}^{\Delta/\tau_{Pi}} - 1) - \frac{\Delta^2}{2} \tag{5.35}$$

5.3　最小化探测误差的协同制导方法

诱饵被识别出之后,若继续采用 5.2 节中设计的制导律,在不控制两拦截器视线角的情况下,可能会出现两拦截器视线分离角越来越小的情况,由注 4 可知,在这种情况下,状态估计的精度将会变差。如果在诱饵被识别出之后,初始视线角大的追击者最大化其视线角,另一个最小化其视线角,那么两追击者的视线分离角将会变大,估计精度得到增强。

因此本阶段将采用最优控制综合考虑脱靶量和能量消耗来实现上述的目的。

5.3.1　最小化探测误差性能指标的提出

通过使用标称碰撞三角形条件下小偏差的假设,拦截器的侧向相对距离 y_i 能被近似为

$$y_i \approx (\lambda_{PiE} - \lambda_{PiE_0}) r_{PiE} \tag{5.36}$$

$$r_{PiE} \approx v_{PiE} t_{\mathrm{go}} \tag{5.37}$$

那么,视线角 λ_{PiE} 能被近似为

$$\lambda_{PiE} \approx \lambda_{PiE_0} + \frac{y_i}{v_{PiE} t_{\mathrm{go}}} \tag{5.38}$$

因此,引入 $\dfrac{y_i}{t_{\mathrm{go}}}$ 这一项,并设定最优控制的性能指标为

$$J^y = \frac{1}{2} a y_i^2(t_f) + \frac{1}{2} b \int_{t_k}^{t_f} u_{Pi}^2 \mathrm{d}\tau + \frac{1}{2} c \int_{t_k}^{t_f} \frac{y_i(t_f)}{t_{\mathrm{go}} + \Delta t} \mathrm{d}\tau \tag{5.39}$$

式中，$\Delta t > 0$，是一个接近 0 的无穷小量。

注 10　使用 $\dfrac{y_i(t_f)}{t_{go} + \Delta t}$ 代替 $\dfrac{y_i(t_f)}{t_{go}}$ 是为了避免之后推导过程的奇异性，当 $\Delta t \to 0$ 时，$\dfrac{y_i(t_f)}{t_{go} + \Delta t} \to \dfrac{y_i(t_f)}{t_{go}}$。当权重系数 $a \to \infty$ 时，可以产生一个完美的拦截制导律。如果权重系数 $c > 0$，拦截器的视线角能被最小化；如果 $c < 0$，拦截器的视线角能被最大化。

5.3.2　最优化问题降阶及其控制器设计方法

为了降低求解优化问题的阶数，得到控制输入的解析解，在此引入终端投影法对模型进行降阶处理，引入新的状态变量 $Z_i(t)$，有

$$Z_i(t) = \mathbf{D}\boldsymbol{\Phi}_i(t_f, t)\boldsymbol{x}_i(t) \tag{5.40}$$

式中：$\boldsymbol{\Phi}_i(t_f, t)$ 是与式（2.53）相关的状态转移矩阵；$\mathbf{D}$ 为常值向量，用来分离状态变量 $x_i(t)$ 中的元素。当 $\mathbf{D} = [1 \quad 0 \quad 0 \quad 0]$ 时，可分离状态变量 x_i 中的侧向相对距离 y_i。

因为

$$\dot{\boldsymbol{\Phi}}_i(t_f, t) = -\dot{\boldsymbol{\Phi}}_i(t_f, t)\boldsymbol{A}_i \tag{5.41}$$

结合式（5.40）和新的状态变量 $Z_i(t)$ 对时间的导数，可以得到

$$\dot{Z}_i(t) = \mathbf{D}\dot{\boldsymbol{\Phi}}_i(t_f, t)\boldsymbol{x}_i(t) + \mathbf{D}\boldsymbol{\Phi}_i(t_f, t)\dot{\boldsymbol{x}}_i(t) = \mathbf{D}\boldsymbol{\Phi}_i(t_f, t)\boldsymbol{B}_i u_{Pi}(t) \tag{5.42}$$

式（5.42）表明 $\dot{Z}_i(t)$ 是状态独立的，只与所设计的控制器相关，将 $\mathbf{D}\boldsymbol{\Phi}_i(t_f, t)\boldsymbol{B}_i$ 记为 $\hat{B}_i$。

使用终端投影法降阶得到的新变量，式（5.39）的目标函数可表示为

$$J^Z = \frac{1}{2}aZ_i^2(t_f) + \frac{1}{2}b\int_{t_k}^{t_f} u_{Pi}^2 \mathrm{d}\tau + \frac{1}{2}c\int_{t_k}^{t_f} \frac{Z_i(t_f)}{t_{go} + \Delta t}\mathrm{d}\tau \tag{5.43}$$

性能指标的哈密顿函数为

$$H = \frac{1}{2}bu_{Pi}^2 + \frac{1}{2}c\frac{Z_i(t)}{t_{go}} + \lambda_Z \dot{Z}_i(t) \tag{5.44}$$

由横截条件和伴随方程可得

$$\dot{\lambda}_Z = -\frac{\partial H}{\partial Z_i} = -\frac{c}{2t_{go}} \tag{5.45}$$

$$\lambda_Z(t_f) = aZ_i(t_f) \tag{5.46}$$

对式（5.45）从 t_f 到 t 积分，并将式（5.46）代入可得

$$\lambda_Z(t) = aZ_i(t_f) + \frac{1}{2}c\ln\frac{t_{go}}{\Delta t} \tag{5.47}$$

由控制方程可得

$$\frac{\partial H}{\partial u_{Pi}} = 0 \Rightarrow$$

$$u_{Pi} = -\frac{\hat{B}_i}{b}\left[aZ_i(t_f) + \frac{c}{2}\ln\frac{t_{go}}{\Delta t}\right] \tag{5.48}$$

将式(5.48)代入式(5.42)可得

$$\dot{Z}_i(t) = -\frac{\hat{B}_i^2}{b}aZ_i(t_f) - \frac{c\hat{B}_i^2}{2b}\ln\frac{t_{go}}{\Delta t} \tag{5.49}$$

对式(5.49)从 t 到 t_f 积分可得

$$Z_i(t_f) - Z_i(t) = -\frac{a}{b}Z_i(t_f)\hat{B}_{i1} - \frac{c}{2b}\hat{B}_{i2} \tag{5.50}$$

式中，$\hat{B}_{i1} = \int_t^{t_f}\hat{B}_i^2\mathrm{d}\tau$，$\hat{B}_{i2} = \int_t^{t_f}\hat{B}_i^2\ln\frac{t_{go}}{\Delta t}\mathrm{d}\tau$。

整理式(5.50)可得

$$Z_i(t_f) = \frac{Z_i(t) - \frac{c}{2b}\hat{B}_{i2}}{1 + \frac{a}{b}\hat{B}_{i1}} \tag{5.51}$$

将 $Z_i(t_f)$ 代入式(5.48)中得到最优控制器

$$u_{Pi} = -\hat{B}_i\left[\frac{Z_i(t) - \frac{c}{2b}\hat{B}_{i2}}{\frac{b}{a} + \hat{B}_{i1}} + \frac{c}{2}\ln\frac{t_{go}}{\Delta t}\right] \tag{5.52}$$

当 $a \rightarrow \infty$ 时，能够产生一个完美的拦截制导律，即

$$u_{Pi} = -\hat{B}_i\left[\frac{Z_i(t) - \frac{c}{2b}\hat{B}_{i2}}{\hat{B}_{i1}} + \frac{c}{2}\ln\frac{t_{go}}{\Delta t}\right] \tag{5.53}$$

5.3　仿真分析

在本节中，我们用数值仿真的方法分析了提出的分阶协同制导律的性能。首先，设置了仿真参数并分析了 4 个飞行器的交战情形。然后，采用 MC 的仿真方法评估了在分阶协同制导律下拦截器的估计精度和制导性能，并将其与基于 HPI 的纯预测制导律和基于 MMSE 的 APN 制导律进行比较[70]。HPI 和

MMSE 之间的区别在于对目标（包括诱饵）状态的处理，HPI 充分考虑了目标状态的 PDF，而 MMSE 仅执行简单的处理。

5.3.1　拦截参数和交战情形

针对 5.2 节设计的协同制导律，设置如下仿真参数：拦截器 1 和拦截器 2 都是同时发射，与躲避者之间的初始距离都为 $r_{PiE_0} = 10\,000$ m。它们的初始侧向相对距离分别为 $y_{P1E_0} = -400$ m 和 $y_{P2E_0} = -300$ m。拦截器和目标的速度分别为 $v_{Pi} = 700$ m/s 和 $v_E = 300$ m/s。忽略重力加速度的影响，拦截器和目标的最大指令加速度分别为 $u_{Pi}^{\max} = 15g$ 和 $a_E^{\max} = 3g$；拦截器和目标的过载响应时间常数分别为 $\tau_{Pi} = 0.2$ s 和 $\tau_E = 0.2$ s。测量仿真时间间隔为 $\Delta = 0.01$ s，目标导引头视场的探测误差噪声标准差为 $\sigma_{Pi,\lambda} = 0.1$ mrad。诱饵的加速度的方向与目标的加速度方向相反，大小与目标的最大指令加速度相等，为 $a_D^{\max} = 3g$。

为了实现 MC 仿真，滤波的初始条件设定为服从高斯分布

$$\hat{\boldsymbol{x}}_{i_0} \sim N(\boldsymbol{x}_{i_0}, \boldsymbol{P}_0) \tag{5.54}$$

式中，x_{i_0} 是式(2.52)定义的滤波初始状态，$\boldsymbol{P}_0$ 是滤波初始方差矩阵。

$$\boldsymbol{P}_0 = \mathrm{diag}\{50^2, 10^2, 1^2, 10^2\} \tag{5.55}$$

图 5.3 为目标、拦截器 1、拦截器 2 和诱饵的交战示意图。如图所示，目标在 2 s 时发射一枚诱饵对拦截器 1 和拦截器 2 进行干扰，假设拦截器对诱饵的识别时长为 3 s，那么在 5 s 之后拦截器才能识别出真实目标，并对其制导。由 5.2 中设计的制导律可知，在 5 s 之前，拦截器采取能够同时兼顾两个目标进行制导的 5.2.1 节中的制导律，在 5 s 之后，拦截器采取能够控制视线分离角的 5.2.2 节中的制导律。

图 5.4 为拦截器 1 和拦截器 2 分别与目标之间的侧向相对距离变化图，从图中可知，一开始，拦截器 1 和拦截器 2 的侧向相对距离的绝对值从 400 m 和 300 m 开始减小向零接近，但是目标在 2 s 发射了一枚诱饵，一直到诱饵未被识别出的 5 s 之内，拦截器 1 和拦截器 2 受到诱饵的影响，它们与目标之间的相对距离开始变大。直到识别出诱饵之后，拦截器 1 和拦截器 2 采用 5.2.2 节中的制导律，它们与目标之间的相对距离开始不断减小，直到拦截时刻，它们之间的相对距离到达零附近。

图 5.5 为目标、拦截器 1 和拦截器 2 的加速度示意图。在最大加速度指令 $u_{Pi}^{\max} = 15g$ 的限制下，拦截器 1 和拦截器 2 的加速度的变化在前 5 s 基本相同，且在 2 s 目标发射诱饵后，它们的加速度变化比较剧烈，很快达到了过载限制值。应当注意到，5 s 前后拦截器 1 和拦截器 2 不同的加速度变化趋势是因为采

取了不同的制导律。

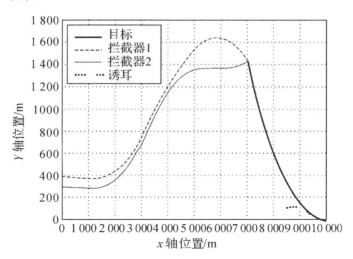

图 5.3　多飞行器协同拦截交战

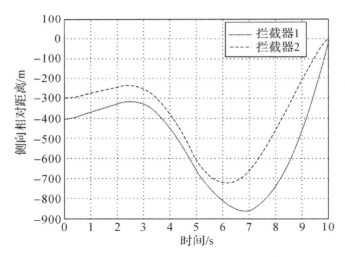

图 5.4　拦截器 1 和拦截器 2 的侧向相对距离变化

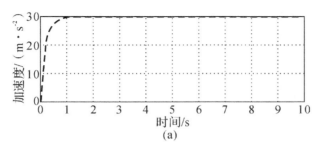

图 5.5　目标、拦截器 1 和拦截器 2 的加速度变化

（a）目标

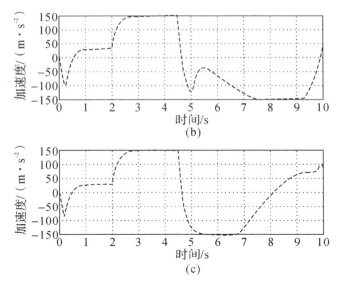

续图 5.5　目标、拦截器 1 和拦截器 2 的加速度变化
(b)拦截器 1;(c)拦截器 2

5.3.2　估计性能评估

图 5.6 是以拦截器 1 为例,在 APN^{MMSE} 和所提制导律下的拦截器 1 和目标侧向距离探测误差的变化曲线。图 5.7 是在 APN^{MMSE} 和所提制导律下的两拦截器之间的视线分离角变化曲线。对比两图可知,在 4 s 前,因为采用基于 MMSE 方法的 APN 和基于 HPI 方法的预测制导律都不能控制两拦截器相对于目标的视线分离角,所以在这个过程中视线分离角都一直很小,这使得它们对目标的侧向距离探测误差较大。在 5s 之后,基于 MMSE 方法的 APN 的视线分离角仍然很小,但是所提制导律能够控制视线分离角并使其最大化,所以量测噪声随之减小直到零附近。

图 5.8 为经过 100 次 MC 仿真的状态估计误差的方差变化曲线,从图中可知,在 APN^{MMSE} 和所提制导律下的方差变化都表现为先上升后逐渐下降的趋势,且在 APN^{MMSE} 下的方差最大值略大于所提制导律下的。此外,所提制导律能够使状态估计误差的方差较快地收敛到零,满足了我们对估计精度的要求,但 APN^{MMSE} 的方法其误差收敛性较差,这使得最后的探测误差很大。

5.3.3　脱靶量评估

在本节中,我们将通过 100 次 MC 仿真分析 APN^{MMSE} 和所提制导律的闭环拦截性能。

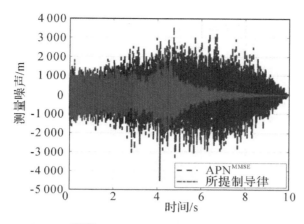

图 5.6　在 APN^{MMSE} 和所提制导律下的拦截器 1 的量测噪声

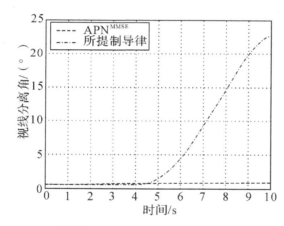

图 5.7　在 APN^{MMSE} 和所提制导律下的拦截器 1 的视线分离角

　　图 5.9 和图 5.10 为拦截器 1 和拦截器 2 的脱靶量 CDF。图 5.9 和图 5.10 比较了 APN^{MMSE} 和所提制导律之间的脱靶量 CDF,以及确保 95% 杀伤概率所需的 WLR,如表 5.1 所示。以拦截器 1 为例,在达到 95% 杀伤概率的条件下,所提制导律需要的 WLR 最小值为 3.61 m,而纯预测制导律需要的 WLR 为 28.06 m。由此可以看出,所提制导律所需的 WLR 远远低于 APN^{MMSE}。结果表明,该制导律的拦截性能优于 APN^{MMSE}。

表 5.1　确保 95% 击杀概率所需的战斗部杀伤范围

制导律	拦截器 1/m	拦截器 2/m
APN^{MMSE}	28.06	20.92
所提制导律	3.61	0.48

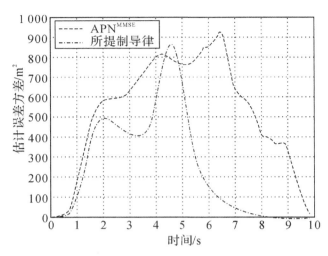

图 5.8　基于 100 次 MC 仿真的状态估计误差的方差

表 5.2　针对所提制导律不同延迟时间确保 95％击杀概率所需的战斗部杀伤范围

制导律	1.2s 延迟/m	1.4s 延迟/m	1.6s 延迟/m	1.8s 延迟/m
所提制导律	2.38	5.03	6.53	

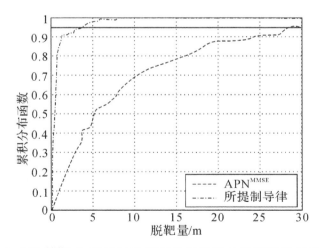

图 5.9　在 APN^{MMSE} 和所提制导律下的拦截器 1 的脱靶量累积分布函数

　　以拦截器 1 为例，图 5.11 为所提制导律下诱饵识别延迟时间分别为 1.2 s、1.4 s、1.6 s 和 1.8 s 的脱靶量分布函数，表 5.2 中给出了不同识别延迟时间下

确保 95% 杀伤概率所需的 WLR。从表中可知,所提制导律在 1.2s、1.4s 和
1.6s 延迟时间下所需的 WLR 分别为 2.38 m,5.03m 和 6.53m,而当延迟时间
为 1.8 s 时,将不能确保拦截器能以 95% 的概率拦截躲避者。从图中可以看出,
随着识别延迟时间的增加,追击者所需的 WLR 也随着增加,这表明了识别诱饵
的延迟时间会影响拦截器的拦截性能,较短的识别时间会增加拦截器的制导
精度。

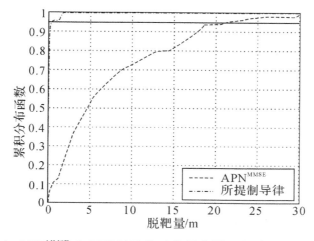

图 5.10　在 APN^MMSE 和所提制导律下的拦截器 2 的脱靶量累积分布函数

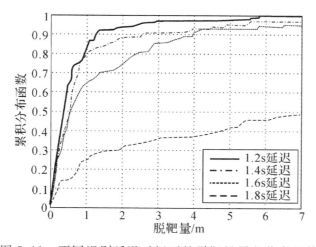

图 5.11　不同识别延迟时间下的脱靶量累积分布函数

5.4　本章小结

　　本章考虑我方两拦截器拦截敌方能够发射诱饵的目标的情形,提出了一种分阶段协同制导律:在未识别出诱饵阶段,采用基于 HPI 方法的预测制导律;在识别出诱饵阶段,采用基于最小化探测误差方法的最优制导律。在第一阶段,因为未识别诱饵的干扰,目标的 PDF 是由真实目标与虚假目标的状态组成的,呈现多峰值状态。所以我们采用引入 GST 概念的预测制导律,预测制导律在制导过程中能够同时兼顾真实目标与虚假目标,并为之后对真实目标的制导提供机动优势。针对第二阶段,诱饵被识别出后,考虑视线分离角对制导精度的影响,我们采用能够控制两追击者相对于目标的视线分离角最优制导律,来减少制导过程中的估计误差,增强制导精度。

　　通过 MC 仿真,我们对比了所提制导律和 APN^{MMSE} 的性能。结果表明,所提制导律相比于 APN^{MMSE},其估计误差更低,制导精度更高。另外,较短的识别延迟时间能够提高拦截性能。

第6章　仅依靠视线角协同下的协同探测制导方法

6.1　引　　言

从 2.5 节中我们得知,针对不具备探测能力的拦截器拦截机动目标的情形,可以采用一个或多个探测器为拦截器辅助提供目标的探测信息,从而引导拦截器拦截机动目标。在这种交战情形中,存在一种有效的协同拦截策略,即在探测器与机动目标相对距离减小的前提下,只要拦截器能移动到它们之间的视线上,则能确保拦截器成功拦截机动目标。在这个过程中,探测器需要维持一稳定的视线变化状态,以便于拦截器对于它们之间视线变化的追踪。

6.2　扩展卡尔曼滤波追踪估计器设计

在本节中,我们设计了一个扩展卡尔曼滤波(Extended Kalman Filtering,EKF)估计器来识别并追踪机动目标的加速度,这对探测器的控制器设计来说尤为重要,因为目标加速度估计值的准确度影响着用于评估导弹制导性能的终末脱靶量指标。

6.2.1　EKF 中的 Singer 模型

由于目标的非合作性质,目标的运动状态通常难以预测。因此,需要建立一个有效的、符合实际运动状态的模型来拟合目标的运动,并用误差范围来描述模型和实际运动模型的不准确部分。Singer 模型的提出对于描述目标机动模型具有重要意义,在此对 2.2.2 节中的 Singer 模型进行简单描述。

Singer 模型是 R. Singer 提出的一种极具影响力的目标机动模型,其中目标

机动由时间相关的有色噪声序列组成。假设目标加速度服从一阶时间相关过程,则其时间相关函数可以表示为指数衰减函数

$$R_a(\tau)=E\left[a(t)a(t+\tau)\right]=\sigma_a^2 e^{-\alpha|\tau|},\alpha\geqslant 0 \tag{6.1}$$

式中,σ_a^2 为机动加速度的方差,$\alpha=1/\tau$ 为目标机动时间常数的倒数,α 的值通常由先验知识决定:当目标执行转弯机动时,$\alpha=1/20$;当目标执行躲避机动时,$\alpha=1/60$;大气扰动时,$\alpha=1$。Singer 模型假设目标加速度的概率密度近似服从均匀分布,其方差可表示为

$$\sigma_a^2=\frac{a_{\max}^2}{3}(1+4P_{\max}-P_0) \tag{6.2}$$

式中,$a_{\max}$ 为目标的最大加速度值,$P_{\max}$ 为目标发生机动的概率,P_0 为目标不发生机动的概率。

对式(6.1)中的 $R_a(\tau)$ 进行 Wiener-Kolmogorov 白化程序处理后,可将目标的加速度用一阶时间相关模型来表示,即

$$\dot{a}(t)=-\alpha a(t)+w(t) \tag{6.3}$$

式中,$w(t)$ 是均值为 0,方差为 $2\alpha\sigma_a^2$ 的高斯白噪声。

6.2.2　EKF 滤波过程

在实际导弹制导过程中,制导控制系统存在的非线性是不容忽视的。工程系统中广泛使用的卡尔曼滤波器(KF)只能应用于线性系统,即状态方程和观测方程都必须是线性的。因此,KF 不能解决非线性问题,提出了一些处理非线性问题的新方法,例如 EKF,通过保留展开的泰勒级数的一阶项得到非线性系统的线性逼近。

因为式(2.6)所示的动力学模型是非线性的,因此引入了一种 EKF 跟踪估计器来估计目标的加速度,其算法过程如下:

1)计算时间 k 的先验状态估计 $\hat{x}_{k|k-1}$ 和误差方差矩阵 $P_{k|k-1}$。

先验状态估计 $\hat{x}_{k|k-1}$ 可由式(2.68)得到,且误差方差矩阵 $P_{k|k-1}$ 能由下式得到

$$P_{k|k-1}=\boldsymbol{\Phi}_{k|k-1}P_{k-1|k-1}\boldsymbol{\Phi}_{k|k-1}^{\mathrm{T}}+Q_{k-1} \tag{6.4}$$

式中,$\boldsymbol{\Phi}_{k|k-1}$ 为时间 $k-1$ 到时间 k 的状态转移矩阵,Q_{k-1} 为离散过程噪声矩阵。状态转移矩阵 $\boldsymbol{\Phi}_{k|k-1}$ 可被近似为

$$\boldsymbol{\Phi}_{k|k-1}=\exp(F_{k-1|k-1}T)\approx I+F_{k-1|k-1}T \tag{6.5}$$

式中,T 为仿真时间间隔,I 为单位矩阵,且 $F_{k-1|k-1}$ 为式(2.68)相关的雅可比矩阵,其形式为

$$F_{k-1 \mid k-1} = \frac{\partial f_{k-1}(x)}{\partial x} \Big|_{x = \hat{x}_{k-1 \mid k-1}} \tag{6.6}$$

2)计算时间 k 的新息 v_k 和方差矩阵 S_k,有

$$v_k = z_k - H_k \hat{x}_{k \mid k-1} \tag{6.7}$$

$$S_k = H_k P_{k \mid k-1} H_k^{\mathrm{T}} + R_k \tag{6.8}$$

式中,R_k 为时间 k 的量测噪声方差矩阵,H_k 为量测矩阵,其形式为

$$H_k = \frac{\partial H(x)}{\partial x} \Big|_{x = \hat{x}_{k \mid k-1}} \tag{6.9}$$

3)计算时间 k 的滤波增益 K_k,状态均值 $\hat{x}_{k \mid k}$ 和方差矩阵 $P_{k \mid k}$,有

$$
\begin{aligned}
K_k &= P_{k \mid k-1} H_k^{\mathrm{T}} (S_k)^{-1} \\
\hat{x}_{k \mid k} &= \hat{x}_{k \mid k-1} + K_k v_k \\
P_{k \mid k} &= P_{k \mid k-1} - K_k S_k (K_k)^{\mathrm{T}}
\end{aligned}
\tag{6.10}
$$

通过上述 EKF 算法过程可以估计出目标的加速度,这对于后期探测器的控制器设计是必不可少的。

6.3　非线性协同制导策略设计

在本节中,我们对非线性协同制导策略进行了详细的分析,该策略中探测器仅作为探测角色来获取相对于目标的视线角相关信息[70],拦截器通过利用探测器获取的视线角信息来拦截机动目标。由于获取机动目标运动信息的限制,尤其是探测器与机动目标间的相对距离信息,则探测器和拦截器的控制器需要分别来设计。

注 11 因为探测器与机动目标之间的相对运动是相互接近的,相对距离的导数是严格负的,因此,只要拦截器能保持在他们的视线上,就可以保证拦截器拦截机动目标。

基于注 11 所述,我们首先考虑设计探测器的控制器,该控制器能满足使拦截器位于探测器与拦截器之间的连线上的要求。最显而易见的能满足上述要求的控制策略是控制拦截器和探测器之间的视线角追踪探测器和机动目标之间的视线角。该控制策略中影响拦截器视线角追踪能力的主要因素是探测器的控制器,因为它包含在拦截器控制器的设计过程中。因此,合适的探测器的控制器对拦截器来说尤为重要。考虑到探测器无法获得相对距离信息的情况,探测器的解析控制器表达式不能包含相对距离项。更重要的是,稳定的视线角状态需要由探测器的控制器来维持,以便于拦截器的视线角跟踪。我们可以给出探测器

的控制策略,即,使探测器和目标之间的视线角速率满足渐近收敛条件,以维持相对稳定的视线角状态,同时解析表达式中不能包含相对距离项。

6.3.1 拦截器视线追踪控制策略

我们采用结合动态面技术[71]的反步控制方法[72]的目的是使得拦截器移动到探测器与目标的视线上,然后保持该状态直到目标被拦截。这意味着拦截器的控制策略是使得拦截器与探测器的视线角 q_{MW} 去追踪探测器与目标间的视线角 q_{WT}。

基于模型(2.69),选取状态变量为 $x_1 = q_{MW}$,$x_2 = \dot{q}_{MW}$,可以给出如下控制器的设计过程。

步骤 1:选取李雅普诺夫函数为

$$V_1 = \frac{1}{2} z_1^2 + \frac{1}{2} S_1^2 \tag{6.11}$$

式中,$z_1 = x_1 - x_{1d}$ 为追踪误差,x_{1d} 为探测器与目标间的视线角 q_{WT}。令 $z_2 = x_2 - \alpha_1$,α_1 为虚拟控制量。构建的虚拟控制量 α_1 作为输入通过一个非线性滤波器得到虚拟函数 β_1,即

$$\dot{\alpha}_1 + \tau_1 (\alpha_1 - \beta_1) + \mu_1 (\alpha_1 - \beta_1)^{q/p} = 0 \tag{6.12}$$

式中,τ_1 和 μ_1 为滤波器的时间常数,将非线性滤波器的滤波误差记为 $S_1 = \alpha_1 - \beta_1$,则可以得到下式:

$$\dot{\alpha}_1 = -\tau_1 (\alpha_1 - \beta_1) - \mu_1 (\alpha_1 - \beta_1) q/p = -\tau_1 S_1 - \mu_1 S_1^{q/p} \tag{6.13}$$

$$\dot{S}_1 = \dot{\alpha}_1 - \dot{\beta}_1 = -\tau_1 S_1 - \mu_1 S_1^{q/p} + \zeta_1 (x_1, y_d, \dot{y}_d, \ddot{y}_d) \tag{6.14}$$

V_1 的时间导数为

$$
\begin{aligned}
\dot{V}_1 &= z_1 \dot{z}_1 + S_1 \dot{S}_1 = \\
& z_1 (g_1(z_2 + S_1 + \beta_1) + f_1 - \dot{x}_{1d}) + S_1(\dot{\alpha}_1 - \dot{\beta}_1) = \\
& z_1 (g_1(z_2 + S_1 + \beta_1) + f_1 - \dot{x}_{1d}) + S_1(-\tau_1 S_1 - \mu_1 S_1^{q/p} + \zeta_1) = \\
& z_1 (g_1(z_2 + S_1 + \beta_1) + f_1 - \dot{x}_{1d}) - \tau_1 S_1^2 - \mu_1 S_1 S_1^{q/p} + S_1 \zeta_1
\end{aligned}
\tag{6.15}
$$

因此,可以设计虚拟控制器 β_1 为

$$\beta_1 = \frac{1}{g_1} \left[-(k_1 + \frac{g_1}{4\varepsilon_1}) z_1 - f_1 + \dot{x}_{1d} \right] \tag{6.16}$$

根据 young 不等式关系，可以得到

$$
\left.
\begin{array}{l}
|S_1 \zeta_1| \leqslant \dfrac{1}{2\sigma_1} S_1^2 \zeta_1^2 + \dfrac{\sigma_1}{2} \leqslant \dfrac{1}{2\sigma_1} S_1^2 M_1^2 + \dfrac{\sigma_1}{2}, \sigma_1 > 0 \\[2mm]
z_1 S_1 \leqslant \dfrac{1}{4\varepsilon_1} z_1^2 + \varepsilon_1 S_1^2, \varepsilon_1 > 0 \\[2mm]
S_1 S_1^{q/p} \leqslant \dfrac{1}{4\varepsilon_1} S_1^2 + \varepsilon_1 (^{'}2)
\end{array}
\right\}
\tag{6.17}
$$

将式（6.16）代入到式（6.15）中，可以得到

$$
\begin{aligned}
\dot{V}_1 &= -\left(k_1 + \dfrac{g_1}{4\varepsilon_1}\right)z_1^2 + g_1 z_1 z_2 + g_1 z_1 S_1 - \tau_1 S_1^2 - \mu_1 S_1 S_1^{q/p} + S_1 \zeta_1 \leqslant \\
&\quad -\left(k_1 + \dfrac{g_1}{4\varepsilon_1}\right)z_1^2 + g_1 z_1 z_2 + \dfrac{g_1 z_1^2}{4\varepsilon_1} + \varepsilon_1 g_1 S_1^2 - \\
&\quad \tau_1 S_1^2 - \dfrac{\mu_1}{4\varepsilon_1}S_1^{q/p} - \mu_1 \varepsilon_1 (^{'}2) + \dfrac{1}{2\sigma_1}M_1^2 S_1^2 + \dfrac{\sigma_1}{2} \leqslant \\
&\quad -k_1 z_1^2 - \left(\tau_1 + \dfrac{\mu_1}{4\varepsilon_1} - \dfrac{M_1^2}{2\sigma_1} - \varepsilon_1 g_1\right)S_1^2 - \mu_1 \varepsilon_1 (S_1^{p/q})^2 + g_1 z_1 z_2 + \dfrac{\sigma_1}{2}
\end{aligned}
\tag{6.18}
$$

步骤 2：令 $z_3 = x_3 - \alpha_2$，同时选择李雅普诺夫函数为

$$
V_2 = V_1 + \dfrac{1}{2}z_2^2 + \dfrac{1}{2}S_2^2
\tag{6.19}
$$

将构建的虚拟控制器 α_2 作为输入通过非线性滤波器得到虚拟函数 β_2，即

$$
\dot{\alpha}_2 + \tau_2(\alpha_2 - \beta_2) + \mu_2(\alpha_2 - \beta_2)^{q/p} = 0
\tag{6.20}
$$

式中，τ_2 和 μ_2 为滤波器的时间常数，将非线性滤波器的滤波误差记为 $S_2 = \alpha_2 - \beta_2$，则可以得到下式：

$$
\begin{aligned}
\dot{\alpha}_2 &= -\tau_2(\alpha_2 - \beta_2) - \mu_2(\alpha_2 - \beta_2)q/p = \\
&\quad -\tau_2 S_2 - \mu_2 S_2^{q/p}
\end{aligned}
\tag{6.21}
$$

$$
\begin{aligned}
\dot{S}_2 &= \dot{\alpha}_2 - \dot{\beta}_2 \\
&= -\tau_2 S_2 - \mu_2 S_2^{q/p} + \zeta_2(x_2, y_d, \dot{y}_d, \ddot{y}_d)
\end{aligned}
\tag{6.22}
$$

V_2 的时间导数为

$$
\begin{aligned}
\dot{V}_2 &\leqslant -k_1 z_1^2 - \left(\tau_1 + \dfrac{\mu_1}{4\varepsilon_1} - \dfrac{M_1^2}{2\sigma_1} - \varepsilon_1 g_1\right)S_1^2 - \mu_1 \varepsilon_1 (S_1^{p/q})^2 + g_1 z_1 z_2 + \\
&\quad z_2(g_2 u + f_2 + \tau_1 S_1 + \mu_1 S_1^{q/p}) + S_2(-\tau_2 S_2 - \mu_2 S_2^{q/p} + \zeta_2) + \dfrac{\sigma_1}{2}
\end{aligned}
\tag{6.23}
$$

然后，求得控制器 u 为

$$u=\frac{1}{g_2}[-g_1z_1-k_2z_2-f_2-\tau_1S_1-\mu_1S_1^{q/p}] \tag{6.24}$$

将式（6.24）代入式（6.23）可得

$$\dot{V}_2\leqslant-k_1z_1^2-(\tau_1+\frac{\mu_1}{4\varepsilon_1}-\frac{M_1^2}{2\sigma_1}-\varepsilon_1g_1)S_1^2-\mu_1\varepsilon_1(S_1^{q/p})^2$$
$$-k_2z_2^2-\tau_2S_2^2-\mu_2S_2S_2^{q/p}+S_2\zeta_2+\frac{\sigma_1}{2} \tag{6.25}$$

根据 young 不等式和式（6.25）可得

$$\dot{V}_2\leqslant-k_1z_1^2-(\tau_1+\frac{\mu_1}{4\varepsilon_1}-\frac{M_1^2}{2\sigma_1}-\varepsilon_1g_1)S_1^2-\mu_1\varepsilon_1(S_1^{q/p})^2$$
$$-k_2z_2^2-\tau_2S_2^2-\mu_2S_2S_2^{q/p}+S_2\zeta_2+\frac{\sigma_1}{2}\leqslant$$
$$-k_1z_1^2-(\tau_1+\frac{\mu_1}{4\varepsilon_1}-\frac{M_1^2}{2\sigma_1}-\varepsilon_1g_1)S_1^2-\mu_1\varepsilon_1(S_1^{q/p})^2$$
$$-k_2z_2^2-(\tau_2+\frac{\mu_2}{4\varepsilon_2}-\frac{M_2^2}{2\sigma_2})S_2^2-\mu_2\varepsilon_2(S_1^{q/p})^2+\frac{\sigma_1}{2}+\frac{\sigma_2}{2} \tag{6.26}$$

6.3.2　探测器的控制策略

通过前面的分析可知，探测器与目标之间的稳定视距状态有助于拦截器的视距跟踪，同时，因为探测器只能获取视线相关信息，所以探测器的控制器解析表达式不能包含相对距离项。

为了确保良好的跟踪性能，所设计的控制器必须确保视线角趋于收敛。由于探测器只能获取视线相关信息，因此视线法线方向的控制器可以设计为

$$a_W^\perp=a_T^\perp+f(t)\dot{q}_{WT} \tag{6.27}$$

式中，$a_W^\perp=a_W\cos\varphi_W^{WT}$，$a_T^\perp=a_T\cos\varphi_T^{WT}$ 分别为探测器和目标在视线法方向上的加速度。$f(t)$为一未定的函数。需要注意的是，式（6.27）中定义的探测器的控制器不包含相对距离项。

将式（6.27）代入式（2.68）的第二式中可得

$$R_{WT}\ddot{q}_{WT}+2\dot{R}_{WT}\dot{q}_{WT}=-f(t)\dot{q}_{WT} \tag{6.28}$$

进一步地，可以得到

$$\frac{\ddot{q}_{WT}}{\dot{q}_{WT}}=\frac{\Delta\dot{q}_{WT}}{\Delta q_{WT}}=-\frac{f(t)+2\dot{R}_{WT}}{R_{WT}} \tag{6.29}$$

式中，$\Delta\dot{q}_{WT}$ 和 Δq_{WT} 为 $\ddot{q}_{WT}$ 和 $\dot{q}_{WT}$ 分别在时间间隔$[k,k-1]$上的积分值。如果未定函数 $f(t)$满足条件 $f(t)+2\dot{R}_{WT}>0$，则存在

$$\frac{\ddot{q}_{WT}}{\dot{q}_{WT}} < 0 \qquad (6.30)$$

使得探测器与目标之间的视线角满足渐近收敛条件,即,$\lim\limits_{t \to \infty} \dot{q}_{WT} \to 0$,并且其收敛速度取决于未定函数 $f(t)$ 的值。

通过上述分析,我们可以得知,当未定函数满足 $f(t) > -2\dot{R}_{WT}$ 时,才能满足渐近收敛条件。与此同时,能够实现探测器与目标间稳定的视线变化状态。由于探测器无法获得与目标间的相对距离信息,因此无法获得他们之间每一时刻的相对速度变化信息,但同时又需要满足 $f(t) > -2\dot{R}_{WT}$。从第 2.5 节的问题描述中,我们可以得知探测器和目标之间的速度都是恒定的。因此,当它们各自的速度方向都在视线上时,即它们的飞行路径角都为零时,它们之间的接近速度将达到最大值。因此,选取未定函数为 $f(t) = -2(V_W - V_T) = -2\dot{R}_{WT}^{\max}$ 来确保条件 $f(t) > -2\dot{R}_{WT}$ 在整个过程中总是成立。

拦截器成功拦截目标的两个必要条件为:①拦截器与探测器之间的视线角等于探测器与目标之间的视线角;②拦截器与探测器之间的相对距离等于探测器与目标之间的相对距离。需要注意的是条件①要先于条件②成立才能成功拦截机动目标。当两个条件都被满足时,可以得到下式

$$V_q^{WT} = V_q^{MW} \qquad (6.31)$$

式中,$V_q^{WT} = R_{WT}\dot{q}_{WT} = V_W \sin\varphi_W^{WT} - V_T \sin\varphi_T^{WT}$ 为探测器和目标间视线法方向上的相对速度,$V_q^{MW} = R_{MW}\dot{q}_{MW} = V_M \sin\varphi_M^{MW} - V_W \sin\varphi_W^{MW}$ 为拦截器和探测器间的。

6.3.3 非线性协同制导策略性能分析

本节还给出了采用所提非线性协同制导策略的原因,同时给出了非线性协同制导策略的性能分析。

定理 2:考虑前述假设约束下的模型(2.68)和(2.69),拦截器的制导律(6.24)和探测器的制导律(6.27)。如果条件 $\dot{q}_{WT} = \dot{q}_{MW} = 0$ 成立,拦截器成功拦截目标的能量消耗将被最小化。

证明:拦截器的能量消耗[66] 能表示为

$$E_M = \int_0^{t_f} \| u \|^2 \mathrm{d}t \qquad (6.32)$$

式中,t_f 为终端拦截时间,u 为拦截器的控制输入。

将式(6.24)代入式(6.32),可以得到

$$E_M = \int_0^{t_f} \left\| \frac{1}{g_2} [-g_1 z_1 - k_2 z_2 - f_2 - \tau_1 S_1 - \mu_1 S_1^{q/p}] \right\|^2 \mathrm{d}t \qquad (6.33)$$

式中，合适的参数 k_2、τ_1 和 μ_1 可以使得函数 z_2、S_1 和 $S_1^{q/p}$ 快速趋向于 0。由于上述参数的可调性，函数 z_2、S_1 和 $S_1^{q/p}$ 本身对能量消耗 E_M 的影响可以不予考虑。

跟踪误差 $z_1 = x_1 - x_{1d} = q_{MW} - q_{WT}$ 的快速收敛是拦截器控制器设计的主要目的，因此该函数 z_1 的影响也可以不予考虑。影响能量消耗 E_M 的主要因素是函数 f_2。

综上所述，接下来我们分析函数 f_2 对能量消耗 E_M 的影响。

$$E_M^{f_2} = \int_0^{t_f} \left\| \frac{f_2}{g_2} \right\|^2 \mathrm{d}t \tag{6.34}$$

将模型中的函数 f_2 代入到式(6.34)中，可以得到

$$E_M^{f_2} = \int_0^{t_f} \left\| \frac{1}{g_2 R_{MW}} \right\|^2 \left\| -2\dot{R}_{MW}\dot{q}_{MW} + a_W \cos\varphi_W^{MW} \right\|^2 \mathrm{d}t \tag{6.35}$$

由式(6.27)可知，探测器 a_W 的加速度为

$$a_W = \frac{1}{\cos\varphi_W^{WT}}[a_T \cos\varphi_T^{WT} + f(t)\dot{q}_{WT}] \tag{6.36}$$

将式(6.36)代入到式(6.35)中可得

$$E_M^{f_2} = \int_0^{t_f} \left\| \frac{1}{g_2 R_{MW}} \right\|^2 \left\| -2\dot{R}_{MW}\dot{q}_{MW} + \frac{\cos\varphi_W^{MW}}{\cos\varphi_W^{WT}}(a_T \cos\varphi_T^{WT} + f(t)\dot{q}_{WT}) \right\|^2 \mathrm{d}t \tag{6.37}$$

在整个制导过程中，存在使得视线角 q_{MW} 和视线角 q_{WT} 之间的误差收敛到 0 的某一时刻。在该时刻，飞行路径角 φ_W^{MW} 和飞行路径角 φ_W^{WT} 也将收敛到 0。因此，式(6.37)可以写为

$$E_M^{f_2} = \int_0^{t_f} \left\| \frac{1}{g_2 R_{MW}} \right\|^2 \left\| -2\dot{R}_{MW}\dot{q}_{MW} + f(t)\dot{q}_{WT} + a_T \cos\varphi_T^{WT} \right\|^2 \mathrm{d}t \tag{6.38}$$

当它们之间的视线角误差收敛到 0 时，条件 $\dot{q}_{WT} = \dot{q}_{MW}$ 将成立，同时式(6.38)可以表示为

$$E_M^{f_2} = \int_0^{t_f} \left\| \frac{1}{g_2 R_{MW}} \right\|^2 \left\| (f(t) - 2\dot{R}_{MW})\dot{q}_{WT} + a_T \cos\varphi_T^{WT} \right\|^2 \mathrm{d}t \tag{6.39}$$

由于函数 $f(t) = -2(V_W - V_T) > 0$ 和 $-2\dot{R}_{MW} > 0$ 始终成立，在式(6.39)中，只有确保视线角速率渐近收敛到 0 附近，才能尽可能减少能量消耗。证毕。

定理 3：考虑由动态面中的非线性滤波器(6.12)和(6.20)、虚拟控制器(6.16)及控制律(6.24)组成的严格反馈非线性系统(6.70)。选取合适的设计参数为

$$a_1 = \tau_1 + \frac{\mu_1}{4\varepsilon_1} - \frac{M_1^2}{2\sigma_1} - \varepsilon_1 g_1 > 0$$

$$a_2 = \tau_2 + \frac{\mu_2}{4\varepsilon_2} - \frac{M_2^2}{2\sigma_2} > 0$$

则能使得视线角跟踪误差收敛到 0 附近的性质始终成立。

证明:式(6.26)可以表示为如下形式:

$$\dot{V}_2 \leqslant -k_1 z_1^2 - \left(\tau_1 + \frac{\mu_1}{4\varepsilon_1} - \frac{M_1^2}{2\sigma_1} - \varepsilon_1 g_1\right) S_1^2 -$$

$$k_2 z_2^2 - \left(\tau_2 + \frac{\mu_2}{4\varepsilon_2} - \frac{M_2^2}{2\sigma_2}\right) S_2^2 + \frac{\sigma_1}{2} + \frac{\sigma_2}{2} \leqslant$$

$$-k_1 z_1^2 - a_1 S_1^2 - k_2 z_2^2 - a_2 S_2^2 + \Delta \tag{6.40}$$

式中,$\Delta = \dfrac{\sigma_1}{2} + \dfrac{\sigma_2}{2}$。

选择参数为 $c = \min(k_1, a_1, k_2, a_2)$,能使得不等式 $\dot{V} \leqslant -cV + \Delta$ 成立。

由引理 1 可以进一步地推得

$$V(t) \leqslant V(0) e^{-ct} + \frac{\Delta}{c} (1 - e^{-ct}) \leqslant V(0) + \frac{\Delta}{c} \tag{6.41}$$

由式(6.19)和式(6.41)可以得到

$$z_1^2 \leqslant 2\left(V(0) - \frac{\Delta}{c}\right) e^{-ct} + \frac{2\Delta}{c} \tag{6.42}$$

更进一步地,可得

$$|z_1| \leqslant \sqrt{2\left(V(0) - \frac{\Delta}{c}\right) e^{-ct} + \frac{2\Delta}{c}} \tag{6.43}$$

跟踪误差 z_1 的结果与 Lyapunov 的初始值 $V(0)$ 和参数 Δ、c 相关。选择合适的参数 Δ 和 c 可以使得跟踪误差 $|z_1| = |x_1 - x_{1d}| = |q_{MW} - q_{WT}|$ 收敛到 0 附近。证毕。

6.4　仿真分析

在本节中,我们采用数值仿真来验证非线性制导策略的有效性。首先,我们给出了拦截器、探测器和目标相对运动的仿真初始参数值。然后分析了由(6.24)控制的拦截器的视线角跟踪性能,这对拦截目标具有重要意义。随后,验证了 6.3.2 节中提出的成功拦截的两个必要条件,它们之间存在优先关系,即条件①需要在条件②发生之前成立。最后,分析了飞行器间的接近速度和控制输入,与探测器相比,拦截器在协同拦截目标过程中需要消耗更多的控制能量。

6.4.1　拦截交战参数

对于第 6.3.3 节中介绍的非线性协作制导策略,其仿真参数设置在表 6.1 中。从表 6.1 中我们可以得到,目标的初始速度方向与探测器的方向相反,因此它们之间的接近速度严格为负,这使得它们之间的相对距离逐渐减小。拦截器需要在探测器与目标相遇之前拦截目标。由式(6.24)控制的拦截器对探测器与目标之间的视线角跟踪性能对于成功拦截目标很重要。在表 6.1 中,控制器(6.24)中设计的时间常数、指数常数和权重系数共同影响了跟踪性能。

表 6.1　非线性协同制导策略的仿真参数

参　　数	符号及单位	初始值
相对距离	$R_{WT}, R_{MW}(\mathrm{m})$	12 000, 8 000
速度	$V_T, V_W, V_M(\mathrm{m/s})$	$-300, 500, 940$
视线角	$q_{WT}, q_{MW}(\mathrm{rad})$	$\frac{10\pi}{180}, \frac{30\pi}{180}$
视线角速率	$\dot{q}_{WT}, \dot{q}_{MW}(\mathrm{rad})$	$-0.05, -0.09$
过载限制	$a_T^{\max}, a_W^{\max}, a_M^{\max}(\mathrm{m/s^2})$	30, 300, 300
航向角	$\theta_T, \theta_W, \theta_M(\mathrm{rad})$	$\frac{5\pi}{180}, \frac{9\pi}{180}, \frac{9\pi}{180}$
时间常数	τ_1, μ_1	1, 1
指数常数	p, q	5, 3
权重系数	$k_1, k_2, \varepsilon_1, \varepsilon_2$	0.1, 2, 1, 1

6.4.2　视线角追踪性能分析

拦截器的控制目的是控制视线角 q_{MW} 来跟踪视线角 q_{WT},即要求跟踪误差收敛到零。因为探测器与目标之间的相对距离在不断减小,所以在跟踪误差收敛的过程中需要保证它的收敛速度。图 6.1 给出了探测器与目标之间视线角的变化和拦截器和探测器之间视线角的变化,图 6.2 给出了 q_{WT} 和 q_{MW} 之间的视线角追踪误差。从图 6.1 中可以看出,视线角 q_{MW} 首先在 $9s$ 左右与视线角 q_{WT} 相等,之后一直保持该状态不变。由图 6.2 可知,在跟踪过程中不可避免地存在超调现象,但其可以通过权重系数进行调整。值得注意的是,由于权重系数的相互作用,权重系数的参数调节会影响跟踪速度和收敛精度。由图 6.3 和图 6.4

可知,探测器－目标与拦截器－探测器之间的视线角跟踪误差收敛到零后,它们之间的视线角速率跟踪误差也将达到零。

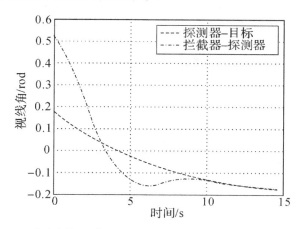

图 6.1　探测器-目标的视线角及拦截器-探测器的视线角

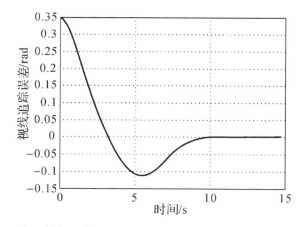

图 6.2　探测器-目标和拦截器-探测器之间的视线角追踪误差

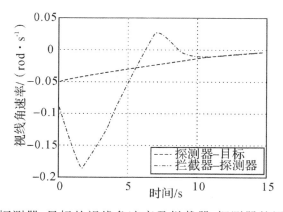

图 6.3　探测器-目标的视线角速率及拦截器-探测器的视线角速率

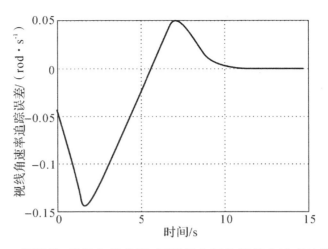

图 6.4 探测器–目标和拦截器–探测器之间的视线角速率追踪误差

6.4.3 拦截需求分析

在 6.3.2 节中,给出了拦截器成功拦截目标的两个条件。一个条件是需要保证 $\dot{q}_{WT} = \dot{q}_{MW}$,条件 2 是需要满足 $R_{WT} = R_{MW}$。条件(1)需要在条件(2)之前先成立才能确保成功拦截目标。当这两个条件都成立时,就可以给出拦截成功的条件 $V_q^{WT} = V_q^{MW}$,该条件表明探测器与目标之间视线法方向的相对速度等于拦截器与探测器视线法方向的相对速度。从图 6.3 和图 6.4 可知,条件 $\dot{q}_{WT} = \dot{q}_{MW}$ 在 10 s 左右成立,这意味着在该时刻拦截器移动到了探测器与目标之间的视线上。只要在 10 s 后条件 $R_{WT} = R_{MW}$ 成立,拦截器就能成功拦截目标。

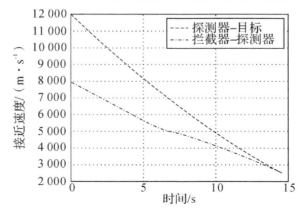

图 6.5 探测器–目标和拦截器–探测器的相对距离

从图 6.5 中可以看出,探测器–目标的相对距离与拦截器–探测器的相对距离在 14.57 s 时相等。图 6.6 给出了视线法方向上的相对速度变化,从图中可知,使得条件 $V_q^{WT} = V_q^{MW}$ 成立的有两个时刻:5.2 s,14.57 s,但是只有在 14.57 s 时才能确保成功拦截目标。

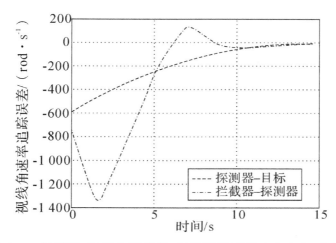

图 6.6　探测器–目标和拦截器–探测器的视线法方向相对速度

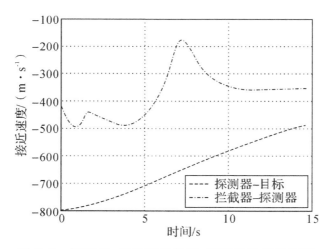

图 6.7　探测器–目标和拦截器–探测器的接近速度

图 6.7 给出了探测器–目标和拦截器–探测器的接近速度。从图 6.7 可以得知,在整个制导过程中,它们之间的接近速度都是负的,因此它们之间的相对距离一直在减小。相比于拦截器–探测器的接近速度,探测器–目标的接近速度减小得幅度较大。因此,在这个过程中会存在一个时刻,使得条件 $R_{WT} = R_{MW}$ 成

立,但是当这个时刻出现在条件 $\dot{q}_{WT} = \dot{q}_{MW}$ 可以满足的时刻之前,则拦截器对目标的拦截就不能成功。图 6.8 给出了通过探测器使用的 EKF 跟踪估计器对目标的加速度估计,图 6.9 给出了探测器和拦截器的控制输入。从图中可以看出,目标采取数值为 30 的常加速机动,探测器针对这种机动目标来维持相对稳定的视线状态所采取的控制输入不会超过其过载限制。相比于探测器,拦截器一开始就消耗比较大控制需求的原因是为了尽快使得 q_{MW} 和 q_{WT} 之间的视线追踪误差收敛到 0。而且,反步控制的这种控制方法本身也会导致初期比较大的控制成本。

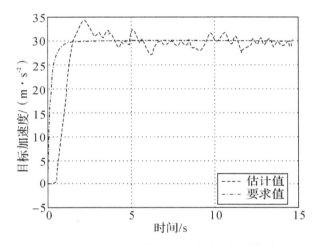

图 6.8 EKF 对机动目标的加速度估计

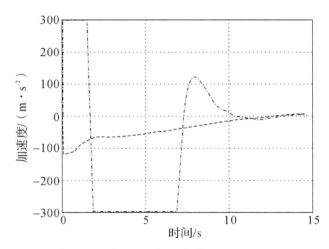

图 6.9 探测器和拦截器的控制输入

6.4　本章小结

  针对由探测器协同不具备探测能力的拦截器拦截机动目标的情形,本章提出了一种非线性协同制导策略。非线性协同制导策略的目的是利用只能获得视线相关信息的探测器引导拦截器与目标发生碰撞。在上述制导过程中,探测器虽然不具备制导能力,但是它可以利用自身获得的视线相关信息协同拦截器执行拦截任务。它们之间的协同是基于一个前提,即,探测信息可以由探测器传输给拦截器来辅助拦截目标,且拦截器能够知道探测器未来要进行的机动。

  引入结合动态面技术的反步控制,是为了使拦截器–探测器与探测器–目标之间的视线跟踪误差收敛到零,可以保持拦截器在探测器和目标的视线,以使得拦截器拦截目标。为了便于拦截器的视线跟踪,本章给出了不包含相对距离项的探测器控制器的解析表达式。探测器的控制器可以使探测器与目标之间的视线角渐近收敛。本章对非线性协同策略进行了性能分析,即当探测器和目标的视线角速率收敛到零时,拦截器成功拦截目标的能量消耗将被最小化。

第7章　总结与展望

7.1　总　　结

　　本书以多飞行器对抗情形下的攻防问题为主要内容,针对几种典型的协同作战问题及情形,提出了不同的协同探测制导方法,研究了探测与制导两个环节对最终拦截性能的影响。研究期间的主要工作总结如下:

　　为提高我方飞行器之间的协同程度,针对我方高价值飞行器面临敌方两枚拦截器拦截时发射两枚防御器协同反拦截拦截器的情形,提出了高价值飞行器与两防御器双向协同的最优协同制导方法。双向协同策略能将目标和防御器的控制输入综合考虑进同一性能指标中,使得两者在制导过程中充分协同以降低对控制输入的要求。同时,MMAE 可在有限的制导律集合中识别出敌方拦截器所采用的制导律。

　　为减小多飞行器协同探测敌方目标的探测误差,针对我方两拦截器拦截敌方机动目标的二对一制导情形,引入了双视线协同探测误差模型,提出了考虑探测误差的最优协同制导方法。该方法能够调制两拦截器间的视线分离角来减小探测误差提高制导性能。考虑机动目标采取更灵活的 bang-bang 躲避机动,引入了 Fast MMAE 来识别目标的机动切换时间并估计目标的状态。

　　考虑我方两追击者拦截敌方躲避者时,敌方目标发射一枚具有与躲避者相似特性的诱饵来干扰我方追击者。针对这种情形,本书提出了两阶段协同制导律,即,在未识别出诱饵阶段,采用基于 HPI 方法的预测制导律,在识别出诱饵阶段,采用基于最优控制理论考虑视线分离角的最优制导律。针对第一阶段,因为未识别的诱饵的干扰,目标的 PDF 是由真实目标与虚假目标的状态组成的,所以采用基于 HPI 方法的预测制导律,预测制导律在制导过程中能够同时兼顾真实目标与虚假目标,并为之后对真实目标的制导提供机动优势。针对第二阶段,诱饵被识别出后,考虑视线分离角对制导精度的影响,采用能够控制两追击者相对于目标的视线分离角的最优制导律,来减少制导过程中的估计误差,增强制导精度。

　　针对不具备探测能力的拦截器拦截机动目标的情形,可以采用一个或多个探测器为拦截器辅助提供目标的探测信息,从而引导拦截器拦截机动目标。在这种交战情形中,存在一种有效的协同拦截策略,即,在探测器与机动目标相对距离减小的前提下,只要拦截器能移动到它们之间的视线上,则能确保拦截器成功拦截机动目标。在这个过程中,探测器需要维持一稳定的视线变化状态,以便于拦截器对于它们之间视线变化的追踪。

　　仿真实验验证了以上所设计的协同探测制导方法的有效性,相比于传统的制导方法,所设计的制导方法具有较好的探测与制导性能。

　　总体来说,本书研究的制导情形具有一定的代表性,所设计的探测制导方法具有一定的参考价值,其研究结果具有一定的理论与实际意义。

7.2　展　　望

　　飞行器攻防对抗是大国博弈及军事斗争中的永恒话题,推动其先进技术的发展与革新是该领域科研工作者的共同使命。本书仅仅以多飞行器攻防对抗中的几个典型环节进行探测制导综合设计方法研究,取得了一定的研究成果。鉴于时间、精力和篇幅的限制,尚有若干问题需要解决,在此对其进一步阐述。

　　针对我方高价值飞行器面临敌方两枚拦截器拦截时发射两枚防御器协同反拦截拦截器的情形,书中只是假设了敌方拦截器采用传统的制导律来拦截我方高价值飞行器,但是拦截器可采取更为智能且对抗性更强的制导律。此外,在防御器反拦截拦截器失败后,我方高价值飞行器采取何种机动才能达到最优的躲避效果,这也是值得探讨的问题。

　　针对我方两拦截器拦截敌方机动目标的二对一制导情形,书中引入的双视线协同探测误差模型只是反应了量测误差随视线分离角的一种变化趋势,并没有给出双视线构型与量测误差之间的定量关系,且书中只能根据仿真来分析它们之间值的变化关系。此外,书中只针对目标做一次 bang-bang 机动来分析影响探测和制导性能的因素,目标做多次切换机动的情况没有考虑。

　　针对我方两追击者拦截敌方躲避者时,敌方躲避者发射一枚具有与躲避者相似特性的诱饵来干扰我方追击者的情形。书中只分析了目标发射一枚诱饵干扰的情况下对拦截性能的影响,没有研究考虑多个诱饵干扰情况下对拦截性能存在何种影响。此外,书中也没有探究目标发射诱饵的时机对终端拦截性能的影响。

　　针对不具备探测能力的拦截器拦截机动目标的情形,在仅能获取视线相关信息的探测器的协同下来实现拦截目的。书中设计的方法是使得拦截器利用探测器捕获的信息来向着成功拦截的优势相对位置移动,但是在实际的情况中,让拦截器去配合探测器来实现拦截目标可能会造成过大的能量消耗而导致拦截失败,因此,让更加灵活的探测器去配合拦截器移动是一种更加符合实际的手段。

　　科学探索永无止境,以有限的生命来追求无限的科学进步,其本身就是平凡的人们对于未知的敬仰与渴求,而人类的文明就在这浩瀚的宇宙中熠熠生辉,平凡而不平庸,渺小而又伟大。

参 考 文 献

[1] 鲁娜，房濛濛. 高超声速飞行器控制技术研究进展综述[J]. 飞航导弹，2019(12)：16 – 21.

[2] 刘薇，龚海华. 国外高超声速飞行器发展历程综述[J]. 飞航导弹，2020(3)：20 – 27.

[3] KALMAN R E. A New Approach to Linear Filtering and Prediction Problems [J]. Journal of Basic Engineering，1960，82(1)：35 – 45.

[4] BUCY R S, RENNE K D. Digital Synthesis of Nonlinear Filter [J]. Automatica，1971，7(3)：287 – 289.

[5] JULIER S, UHLMANN J, DURRANT-WHYTE H F. A New Method for the Nonlinear Transformation of Means andCovariances in Filters and Estimators [J]. IEEE Transactions on Automatic Control，2000，45(3)：477 – 482.

[6] SINGER R A. Estimating Optimal Tracking Filter Performance for Manned Maneuvering Targets [J]. IEEE Transactions on Aerospace and Electronic System，1970，6(4)：473 – 483.

[7] MOOSE R L. An Adaptive State Estimation Solution to the Maneuvering Target Problem [J]. IEEE Transactions on Automatic Control，1975(6)：359 – 362.

[8] MOOSE R L. Modeling and Estimation Solution for Tracking Maneuvering Targets [J]. IEEE Transactions on Aerospace and Electronic Systems，1979(15)：448 – 455.

[9] 周宏仁，敬忠良. 机动目标跟踪[M]. 北京：国防工业出版社，1991.

[10] MAHAPATRA P R, MEHROTRA K. Mixed Coordinate Tracking of Generalized Maneuvering Targets Using Acceleration and Jerk Models [J]. IEEE Transactions on Aerospace and Electronic Systems，2000，36(3)：992 – 1000.

[11] MEHROTRA K, MAHAPATRA P R. A Jerk Model for Tracking Highly Maneuvering Targets [J]. IEEE Transactions on Aerospace and Electronics Systems，1997，33(4)：1094 – 1119.

[12] ZARCHAN P. Representation of Realistic Evasive Maneuvers by the Use of Shaping Filters [J]. Journal of Guidance and Control, 1979, 2 (4): 290 – 295.

[13] MAGILL D T. Optimal Adaptive Estimation of Sampled Stochastic Processes [J]. IEEE Transactions on Automatic Control, 1965, 10(4): 434 – 439.

[14] MOOSE R L, VANLANDINGHAM H F, MCCABE D H. Modeling and Estimation for Tracking Maneuvering Targets [J]. IEEE Transactions on Aerospace and Electronic Systems, 1979, 15(3): 448 – 456.

[15] HEXNER G, WEISS H, DROR S. Temporal Multiple Model Estimator for a Maneuvering Target [C]// Guidance, Navigation, and Control Conference, August 18 – 21, 2008, AIAA, Honolulu, Hawaii, 2008: 7456.

[16] SHIMA T, OSHMAN Y, SHINAR J. Efficient Multiple Model Adaptive Estimation in Ballistic Missile Interception Scenarios [J]. Journal of Guidance Control and Dynamics, 2002, 25(4): 667 – 675.

[17] BLOM H A P, BAR-SHALOM Y. The Interacting Multiple Model Algorithm for Systems with Markovian Switching Coefficients [J]. IEEE Transactions on Automatic Control, 1988, 33(8): 780 – 783.

[18] ZHANG S, GUO Y, LU Z X, et al. Cooperative Detection Based on the Adaptive Interacting Multiple Model-Information Filtering Algorithm [J]. Aerospace Science and Technology, 2019, 93: 105310.

[19] SHAFERMAN V, OSHMAN Y. Cooperative Interception in a Multi-Missile Engagement [C]// Guidance, Navigation, and Control Conference. August 13 – 19, 2009, Reston, VA: AIAA, 2009: 5783.

[20] LIU Y F, QI N M, SHAN J J. Cooperative Interception with Double-Line-of-Sight-Measuring [C]// Proceedings of AIAA Guidance, Navigation, and Control Conference. Boston, MA, US: AIAA, 2013: 5112.

[21] SHAFERMAN V, SHIMA T. Cooperative Optimal Guidance Laws for Imposing a Relative Intercept Angle [J]. Journal of Guidance, Control, and Dynamics, 2015, 38(8): 1395 – 1408.

[22] FONOD R, SHIMA T. Estimation Enhancement by Cooperatively Imposing Relative Intercept Angles [J]. Journal of Guidance, Control, and Dynamics, 2017, 40(7): 1711 – 1725.

[23] FONOD R, SHIMA T. Blinding Guidance Against Missiles Sharing

Bearings-only Measurements [J]. IEEE Transactions on Aerospace and Electronic Systems, 2018, 54(1): 205 – 216.

[24] 姚郁，郑天宇，贺风华，等. 飞行器末制导中的几个热点问题与挑战 [J]. 航空学报, 2015, 36(8): 2696 – 2716.

[25] 槐泽鹏，梁雪超，王洪波，等. 多弹协同及其智能化发展研究[J]. 战术导弹技术, 2019 (5): 77 – 85.

[26] JEON I S, LEE J I, TAHK M J. Impact-Time Control Guidance Law for Anti-ship Missiles [J]. IEEE Transactions on Control Systems Technology, 2006, 14(2): 260 – 266.

[27] 赵世钰，周锐. 基于协调变量的多导弹协同制导[J]. 航空学报, 2008, 219(6): 1605 – 1611.

[28] MCLAIN T W, BEARD R W. Coordination Variables, Coordination Functions, and Cooperative Timing Missions[J]. Journal of Guidance, Control, and Dynamics, 2005, 28(1): 150 – 161.

[29] 张友安，马国欣，王兴平. 多导弹时间协同制导:一种领弹-被领弹策略 [J]. 航空学报, 2009, 30(6): 1109 – 1118.

[30] LAVAEI J, MOMENI A, AGHDAM A G. High-Performance Decentralized Control for Formation Flying with Leader-Follower Structure [C]// IEEE Conference on Decision & Control. San Diego, CA: IEEE, 2006: 4554 – 4558.

[31] CHOI J, KIM Y. Fuel efficient three dimensional cont- roller for leader-follower UAV format ion flight [C]// International Conference on Control, Automation and Systems, October17 – 20, 2007, Seoul, South Korea: IEEE, 2007: 806 – 811.

[32] JEON I S, LEE J I, TAHK M J. Homing Guidance Law for Cooperative Attack of Multiple Missiles [J]. Journal of Guidance Control and Dynamics, 2010, 33(1): 275 – 280.

[33] KUMAR S R, GHOSE D. Cooperative Rendezvous Guidance using Sliding Mode Control for Interception of Stationary Targets [J]. IFAC Proceedings Volumes, 2014, 47(1): 477 – 483.

[34] 马国欣，张友安. 多导弹时间协同分布式导引律设计[J]. 控制与决策, 2014, 29(5): 843 – 847.

[35] ZENG J, DOU L, XIN B. Cooperative Salvo Attack Using Guidance Lawof Multiple Missiles [J]. Journal of Advanced Computational Intelligence and Intelligent Informatics, 2015, 19(2): 301 – 306.

[36] SONG J, SONG S, XU S. Three-dimensional Cooperative Guidance

Law For Multiple Missiles With Finite-time Convergence [J]. Aerospace Science and Technology, 2017, 67: 193 - 205.

[37] 吕腾, 吕跃勇, 李传江, 等. 带视线角约束的多导弹有限时间协同制导律[J]. 兵工学报, 2018, 39 (2): 305 - 314.

[38] ZHAO S Y, ZHOU R, WEI C, et al. Design of Time-constrained Guidance Laws via Virtual Leader Approach[J]. Chinese Journal of Aeronautics, 2010, 23(1): 103 - 108.

[39] 邹丽, 丁全心, 周锐. 异构多导弹网络化分布式协同制导方法[J]. 北京航空航天大学学报, 2010, 36(12): 1432 - 1435.

[40] 邹丽, 孔繁峨, 周锐, 等. 多导弹分布式自适应协同制导方法[J]. 北京航空航天大学学报, 2012(1): 128 - 132.

[41] 周锐, 孙雪娇, 吴江, 等. 多导弹分布式协同制导与反步滑模控制方法[J]. 控制与决策, 2014(9): 1617 - 1622.

[42] 孙雪娇, 周锐, 吴江, 等. 多导弹分布式协同制导与控制方法[J]. 北京航空航天大学学报, 2014, 40(1): 120 - 124.

[43] 后德龙, 陈彬, 王青, 等. 碰撞自规避多弹分布式协同制导与控制[J]. 控制理论与应用, 2014, 31(9): 1133 - 1142.

[44] BOYELL L R. Defending a Moving Target Against Missile or Torpedo Attack[J]. IEEE Transactions on Aerospace and Electronic Systems, 1976, 12 (4): 522 - 526.

[45] BOYELL L R. Counterweapon Aiming for Defence of a Moving Target [J]. IEEE Transactions on Aerospace and Electronic Systems, 1980, 16 (3): 402 - 408.

[46] RATNOO A, SHIMA T. Line of Sight Guidance for Defending an Aircraft[C]// AIAA Guidance, Navigation, and Control Conference, August 02 - 05, 2010, Toronto, Ontario, Canada: AIAA, 2010: 1 - 22.

[47] YAMASAKI T, BALAKRISHNAN S N. Triangle Intercept Guidance for Aerial Defense[C]// AIAA Guidance, Navigation, and Control Conference, August 02 - 05, 2010, Toronto, Ontario, Canada: AIAA, 2010: 35 - 51.

[48] SHAFERMAN V, SHIMA T. Cooperative Multiple Model Adaptive Guidance for an Aircraft Defending Missile[J]. Journal of Guidance, Control, and Dynamics, 2010, 33(6): 1801 - 1813.

[49] YAMASAKI T, BALAKRISHNAN S N, TAKANO H. Modified CLOS Intercept Guidance for Aircraft Defense Against a Guided Missile[C]// AIAA Guidance, Navigation, and Control Conference. Portland,

Oregon，USA，2011：1923.

[50] RATNOO A，SHIMA T. Guidance Laws Against Defended Aerial Targets [C]// AIAA Guidance，Navigation，and Control Conference，August 08 - 11,2011，Portland，Oregon，USA，2011：1 - 21.

[51] RATNOO A，SHIMA T. Line-of-Sight Interceptor Guidance for Defending an Aircraft[J]. Journal of Guidance，Control，and Dynamics，2011，34 (2)：522 - 532.

[52] SHIMA T. Optimal Cooperative Pursuit and Evasion Strategies Against a Homing Missile[J]. Journal of Guidance，Control，and Dynamics，2011，34(2)：414 - 425.

[53] RUBINSKY S，GUTMAN S. Three Body Guaranteed Pursuit and Evasion [C]// AIAA Guidance，Navigation，and Control Conference，August 13 - 16,2012，Minneapolis，Minnesota，USA,2012:56 - 78.

[54] RATNOO A，SHIMA T. Guidance Strategies Against Defended Aerial Targets[J]. Journal of Guidance，Control，and Dynamics，2012，35 (4)：1059 - 1068.

[55] PROKOPOV O，SHIMA T. Linear Quadratic Optimal Cooperative Strategies for Active Aircraft Protection[J]. Journal of Guidance，Control，and Dynamics，2013，36(3)：753 - 764.

[56] WEISS M,SHIMA T,CASTANEDA D,et al. Minimum Effort Intercept and Evasion Guidance Algorithms for Active Aircraft Defense[J]. Journal of Guidance，Control，and Dynamics，2016，39(10)：2297 - 2311.

[57] SHAFERMAN V，SHIMA T. Cooperative Optimal Guidance Laws for Imposing a Relative Intercept Angle[J]. Journal of Guidance，Control，and Dynamics，2015，38(8)：1395 - 1408.

[58] PERELMAN A，SHIMA T，RUSNAK I. Cooperative Differential Games Strategies for Active Aircraft Protection From a Homing Missile[J]. Journal of Guidance，Control，and Dynamics，2011，34(3)：761 - 773.

[59] RUBINSKY S，GUTMAN S. Three-Player Pursuit and Evasion Conflict[J]. Journal of Guidance，Control，and Dynamics，2014，37(1)：98 - 110.

[60] SHALUMOV V. Optimal Cooperative Guidance Laws in a Multiagent Target-Missile-Defender Engagement [J]. Journal of Guidance，Control，and Dynamics，2019，42(9)：1993 - 2006.

[61] 郭杨，王仕成. 基于有限时间理论的飞行器机动突防方法[M]. 北京:科学出版社，2018.

[62] GUO Y, YAO Y, WANG S C, et al. Maneuver control Strategiesto Maximize Prediction Errors In Ballistic Middle Phase[J]. Journal of Guidance, Control, and Dynamics, 2013, 36(4): 1225 - 1234.

[63] REN B, GE S S, TEE K P, et al. Adaptive neural control for output feedback nonlinear systems using a barrier Lyapunov function[J]. IEEE Transactions on Neural Networks, 2010, 21(8): 1339 - 1345.

[64] 王少博, 郭杨, 王仕成, 等. 带有引诱角色的多飞行器协同最优制导方法[J]. 航空学报, 2020, 41(2): 288 - 302.

[65] ZARCHAN P. Tactical and Strategic Missile Guidance[M]. 2nd ed. Reston, VA, USA: AIAA, 1997.

[66] BRYSON A, AND HO Y. Applied Optimal Control[M]. Waltham, MA, USA: Blaisdell Pub, 1969.

[67] GUO Y, WANG S C, YAO Y, et al. Evader Maneuveron Consideration of Energy Consumption In Flight Vehicle Interception Scenarios[J]. Aerospace Science and Technology, 2011, 15(7): 519 - 525.

[68] 朱胤. 非线性滤波及其在跟踪制导中的应用[D]. 哈尔滨: 哈尔滨工业大学, 2009.

[69] MOOSE R L, VANLANDINGHAM H F, MCCABE D H. Modeling and Estimation for Tracking Maneuvering Targets[J]. IEEE Transactions on Aerospace and Electronic Systems, 1979, 15(3): 448 - 456.

[70] DIONNE D, MICHALSKA H, RABBATH C A. Predictive Guidance for Pursuit-Evasion Engagements Involving Decoys[J]. Journal of Guidance, Control, and Dynamics, 2007, 30(5): 1277 - 1286.

[71] BATTISTINI S, SHIMA T. Differential Games Missile Guidance With Bearings-only Measurements[J]. IEEE Transactions on Aerospace and Electronic Systems, 2014, 50(4): 2906 - 2915.

[72] EDALATI L, SEDIGH A K, SHOOREDELI M A, et al. Adaptive Fuzzy Output Feedback Dynamic Surface Control of Interconnected Nonlinear Pure-feedback Systems[J]. Mechanical Systems and Signal Processing, 2018, 100: 311 - 329.

[73] BECHLIOULIS C P, ROVITHAKIS G A. Adaptive Control with Guaranteed Transient and Steady State Tracking Error Bounds for Strict Feedback Systems[J]. Automatica, 2009, 45(2): 532 - 538.